大规模深远海养殖模式研究报告

林　鸣　著

科学出版社

北　京

内 容 简 介

发展深远海养殖是事关粮食安全的战略问题，深远海养殖的目标应当是要为人类创造一种生活必需品，而不是一种生活奢侈品，是一项为未来创造希望的事业。大规模深远海养殖技术是一项将海工工程技术服务于深远海养殖的技术，使得海工工程技术实现了一种跨领域的发展。本书扼要介绍了该技术的核心思想，着重系统地论述了这项技术的应用体系，提出了一种离岸隔离海洋灾害的防御新理念；提出了建设海上防护基础设施作为一种新型大型公共基础设施的理念，以及基于大规模工业化生产的现代化大规模养殖方式和大规模深远海养殖的新模式。

本书可为政府相关部门决策研究和养殖企业、渔业科技人员、渔业养殖人员的工作提供参考。

图书在版编目(CIP)数据

大规模深远海养殖模式研究报告 / 林鸣著. —北京：科学出版社，2022.12

ISBN 978-7-03-074005-2

Ⅰ. ①大… Ⅱ. ①林… Ⅲ. ①深海－海水养殖－研究 Ⅳ. ①S967.9

中国版本图书馆 CIP 数据核字(2022)第 222775 号

责任编辑：郭勇斌 邓新平 彭婧煜 / 责任校对：张亚丹
责任印制：赵 博 / 封面设计：刘 静

科 学 出 版 社 出版
北京东黄城根北街 16 号
邮政编码：100717
http://www.sciencep.com

北京厚诚则铭印刷科技有限公司印刷
科学出版社发行 各地新华书店经销
*

2022 年 12 月第 一 版 开本：720×1000 1/16
2025 年 1 月第三次印刷 印张：5 1/2 插页：3
字数：56 000

定价：70.00 元

（如有印装质量问题，我社负责调换）

2022 年 6 月 14 日，通过包振民院士的联系安排，带着大规模深远海养殖模式的建议，到中国海洋大学与于志刚校长（右三）、包振民院士（右二）、董双林教授（右四）等进行了座谈交流。左一储南洋博士，左二作者，左三董政工程师。

2022 年 9 月 28 日，“2022 年院士专家八闽行——全国海洋经济高峰论坛”，首次作题为《大规模深远海养殖模式研究报告》的报告。

2022 年 7 月 21 日，赴湛江进行深远海养殖专题调研，左五海洋安全专家梁建伟，左六作者，右五中山大学黎祖福教授。

2022 年 8 月 1 日，研究团队到湛江深远海养殖现场考察学习，左一王奕然，左四邹威，左五董政，左六涂然，左八林巍，右三刘凌锋，右四作者，右五郑天宇。

创新让技术变得极具开放性，变得随心所欲。通过技术创新，我们既能获得物质文明所需的最新基本资源，也能开发出满足特定需求的物质产品。这在更大程度上，让我们得以根据事先确定的人类、经济和社会目标来安排物质环境的各个要素，而非反其道而行之。

……

我们知道只要对现有技术善加利用，全球食品供应将会大大增加，具体做法包括：在全球范围内采用已被证明行之有效的耕作技术和组织方法；将对温带物种的研究理论和研究工作用于改良全球一半人口靠其养活的热带作物和动物；推广各种经过测试的农场财务、谷物管理、农产品营销和运输方法，以降低目前占到一半农业产出的浪费、损失和破坏。事实上，只要真正做到了上述几点，全球粮食供给至少会增加两三倍。

当然，我们也知道随着人口及人均营养摄入水平的不断增长，上述方法最多只能支撑50年。

到时候，一些新的主要食品来源渠道将会闪亮登场，而这将是真正的创新。我们知道，食物中的生物能来源于以光能形式存在的机械能，尽管对此我们尚未完全搞明白，而产生生物能的关键在于光而非土壤。故而海洋将会是一个未被开发的重要食物来源，我们可以在海洋表面构建以水产业形式存在的农业，以补充基于陆地表面的种植业。

事实上，我们预计水产产业的生物能将比种植业还要多。因为阳光是生物能的真正来源，每英亩海洋的产出丝毫不逊色于相同面积的陆地，甚至可能更多。海洋的面积相当于陆地的两倍以上，除了极地地区海洋全都可用，而绝大多数陆地根本无法耕作。

当然，上述分析仅限于理论探讨，只是以新的视角看到众所周知的古老事实。并且，全部分析完全脱离于海洋生物学的具体知识。接下来，我们就来看看需要哪些具体知识，以及该到哪里去找。整个农业全都建立在两类主要食物之上：植物和脊椎动物。对于水产业，却有三类：诸如海藻之类的植物；脊椎动物，主要由鱼类构成，而非鸟类和哺乳动物；海洋特有的非哺乳动物，如被归为“甲壳纲水生动物”的各种贝类，它们大量生活在广阔的海域中，一直充当着大型鲸鱼的主食。在将饲料转化为肉质和将碳水化合物转化为蛋白质的过程中，这类海生无脊椎动物的效率在所有动物中位居首位。

而后我们便可以了解到，假如对水产业的上述三类可行领域进行切实可行的开发，各自在成本、生产方式和收成上的要求又是怎样的。然后，我们又会从中知道需要哪方面的知识，如此不断下去。在这一过程中，我们需要有组织的系统化工作。从中，我们甚至可以估计出需要投入多少时间、人力和财力才能实现水产业的大范围推广。

——引自“现代管理学之父”彼得·德鲁克先生20世纪50年代的著作《已经发生的未来》

前　言>>

改革开放40多年来，中国各行各业都取得了伟大的成就，中国被推到了世界舞台的聚光灯下。捍卫国家安全，争取长期和平发展是新时代建设的第一要务。粮食安全是最重要的安全问题。发展深远海养殖是事关粮食安全的战略问题。养出又好又经济实惠的鱼，为广大人民群众提供充足的优质蛋白，为人民群众创造越来越好的生活，让人民群众有幸福感、获得感，这既是党和政府执政为民宗旨的最好实践，也是万众一心实现中华民族伟大复兴的中国梦的最好实践。人类创造了工业文明的社会，世界人口快速增长，带来了后工业时代资源和环境的挑战，为世界长久和平埋下了隐患。当代的政府、当代的企业家、当代的科学家要齐心协力，要用中国人的智慧，只争朝夕，抓住机遇，进行颠覆性的创新和创造，让全体人民在未来都能生活在拥有清洁能源、清洁空气、粮食安全、环境安全的国家之中。中国的发展不仅为中国人民创造幸福生活和福祉，也惠及世界，让世界获得信心，地球是人类共同的绿色家园。从这个意义上讲，发展深远海养殖就是一项为未来创造希望的伟大事业。

在2022年的中国工程院第十六次院士大会上，刘鹤副总理强调，要按照“疫情要防住、经济要稳住、发展要安全”的要求，在做好现有工作基础上，加强几方面的研究力度。一是加快疫情科研攻关，二是确保产业链供应链畅通，三是重视科技保障粮食安全，四是立足资源禀赋提升能源保障水平，五是加强网络信息技术研究，六是探索科技助力城市管理。在大会期间，我与中国海洋大学包振民院士一起探讨了国家深远海养殖的问题。大会以后，我们就深远海养殖发展现状，到广东的汕头、阳江、湛江三个城市进行了调研。我们得出的结论是，制约我国发展深远海养殖的瓶颈是灾害性海况的养殖安全问题。早在2016年，中国交通建设集团有限公司（以下简称中交集团）就组建了一个开头仅有两位，后来发展到以三位年轻工程师为核心的漂浮技术研发团队（见附录一），该团队最初是进行悬浮隧道的技术研究，后来逐步发展到了进行我国大陆架漂浮工程的技术研究。他们的研究形成的一个很重要的近海工程安全技术思想是：基于我国大陆架的条件，一方面每年都会频繁地遭受台风灾害的影响，另一方面大陆架又提供了适合于建设工程性防御设施的条件，由此形成了采用海工工程技术来服务于海洋防灾的工程技术基础。这项研究取得的一项核心技术是我国近岸极端灾害性海况的安全技术。

基于这一项技术，该团队提出了适应于我国大陆架条件的超大型浮体技术、大规模深远海储油技术、大规模深远海养殖技术等一系列应用技术。大规模深远海养殖技术就是将海工工程技术服务于深远海养殖，实现海工工程技术的跨领域发展。针对深远海养殖，他们提出并且研发了建设海上防护基础设施的技术。利用一种离岸透水的消浪设施作为掩护体，隔离各类灾害性海况，在海上形成大规模的遮掩水域，开展深远海养殖生产，为创造一种大规模深远海养殖的新模式提供了条件，服务于国家粮食安全战略。我们的这个构想得到了中国海洋大学于志刚校长，麦康森院士，李华军院士，海洋养殖专家、中国第一个大型深海网箱“深蓝 1 号”创始人、中国海洋大学原副校长董双林教授，深远海养殖专家、中山大学黎祖福教授，海洋安全专家、广东省政府参事室梁建伟高级顾问，以及调研的政府和企业的响应和大力支持。这项创新模式为深远海养殖提供了一个新的选择方案。它能够解决深远海养殖的安全难题，改变海上养殖生产方式，推动深远海养殖产业持续快速发展。

我是一名从事海工工程建设的工程师，几十年来一直工作在工程一线，既从事工程的建设，也进行一些管理的研究。近年来一直在思考如何将海工工程技术服务应用到更多的涉海领域。我们基于漂浮技术研发团队提出的建设海上防护基础设施的技术，提出了发展大规模深远海养殖模式的构想。从海工工程的视角，未来深远海养殖采用的大型高密度聚乙烯（HDPE）深水网箱，将会是一种高技术含量的工业产品。用一个工程师的职业眼光来看，这种复杂的结构物的海上安装、深水锚固等都属于十分专业的海工工程技术。从管理的视角，开展大规模深远海养殖还是一个由量变带来养殖模式质变的重大管理创新，它提出了建立大规模养殖方式、创新养殖模式、重构养殖产业链等一系列的需求和命题。我结合对海工工程技术和管理的研究，以及对深远海养殖的调研和学习心得，撰写了这一个研究报告。

2022 年 10 月 4 日于珠海

目　录 >>

第一章 >>

绪　论

渔业将是人类动物蛋白增长的重要来源

世界人口持续的快速增长，预计2050年将超过90亿[1]，在保持现有的动物蛋白消耗水平下，动物蛋白需求的增长将不会低于20%。随着人类生活的改善和生活水平的提高，对动物蛋白将会提出更大的需求。目前发达国家人均动物蛋白摄入量为50.3 g/d，发展中国家为23.3 g/d[2]。如果发展中国家人均动物蛋白摄入量提高7 g/d，达到大约30 g/d的水平，则动物蛋白就需要再增加30%。

动物蛋白主要由畜牧业和渔业提供。2019年世界畜牧业产量达到3.37亿t，碳排放总量39.6亿t，约占全球总排放量的55%[3]。畜牧业的农业资源消耗的占比很大。2019年统计显示，全球畜牧业占农业总用地的71.55%。在粮食消耗方面，以我国为例，每年畜牧业饲料投喂的粮食消耗占到粮食总量的40%[4]。如果未来增长的动物蛋白全部由畜牧业提供，相应的碳排放及占用的农业资源增长都将超过60%。未来大力发展畜牧业，需要继续占用大量土地，加剧粮食负担、恶化碳排放问题，地球将不堪重负。

与畜牧业（包括淡水养殖和陆基海水养殖）相比，海洋渔业（不包括陆基海水养殖）不直接占用土地资源。原材料的消耗也远小于畜牧业。以2021年为例，其所需的陆地原材料大约仅占动物饲料用量的4%[5]。鱼类饲料还可以期待着通过发展生态技术，利用海洋自然生产力，减少陆源饲料营养源的限制，降低对农业资源的占用比例。根据联合国相关组织的研究，海洋生物固定了全球55%的碳，其中海洋鱼类每年约排放16.5亿t的碳沉入海洋深处，贡献了海洋表面下碳汇总量的16%[6]。海洋人工饲喂养殖方式在碳生态方面，虽然与海洋自然生物有一定的区别，但这只是一个需要进行综合评价的科学命题。2020年世界渔业总产量1.78亿t（不含藻类），为人类提供了17.5%的动物蛋白[7]。若未来动物蛋白需求增长量的50%由渔业提供，相应地渔业产量还需要增加约2.7亿t。无论如何，未来的海洋渔业都将会有巨大的发展空间。与发展畜牧业相比，发展海洋渔业在农业资源占用、维持地球生态方面具有明显的优势。

海洋渔业包括捕捞和养殖，捕捞已不可持续

据统计，2018年全球有3900万人从事捕捞渔业工

作，渔船总数尽管比 2016 年减少了 2.8%（全球捕捞业的发展已处于一个受控制的状态），但仍然达到 456 万艘[7]。人类强大的捕捞能力，会造成过度捕捞，导致自然渔业资源的锐减，捕捞渔业的不可持续，甚至会造成一些物种的灭绝，破坏海洋生态系统。据联合国粮食及农业组织（以下简称“粮农组织”）的长期监测，处于生物可持续水平的鱼类总群占比从 1974 年 90%快速地下降到了 2017 年 65.8%[2]。

随着一系列控制配额、限制捕捞的海洋渔业国际公约的签署实施[8]，1986 年前后全球渔业捕捞量进入了一种相对平稳的状态（图 1.1）。美国、中国等捕捞大国逐步减少了捕捞量[9]。近年来，我国政府通过压减捕捞渔船数量，以及制定休渔期和长江“十年禁渔”等措施，实现对捕捞

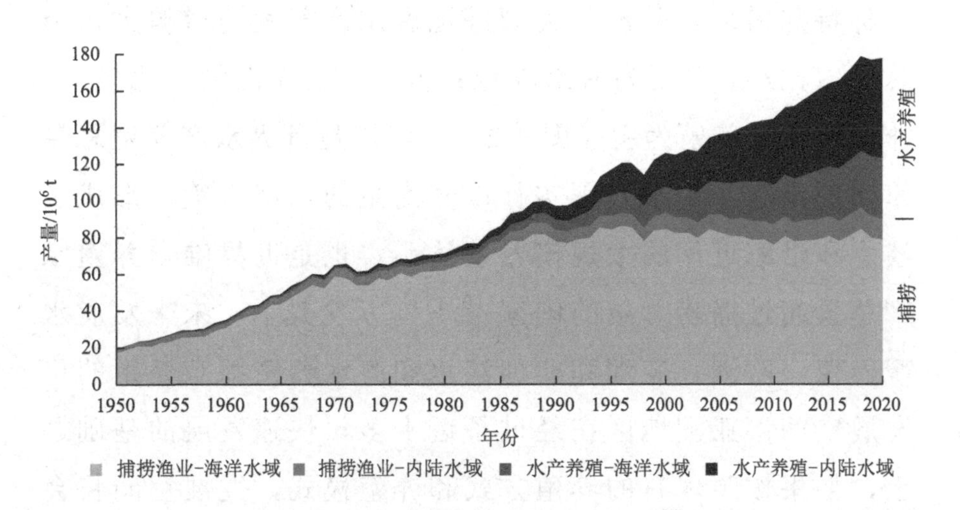

图 1.1 全球捕捞渔业和水产养殖产量[2]

注：不含水生哺乳动物、鳄鱼和藻类。数据按鲜重当量表示。

渔业的控制，我国渔业捕捞量的增长也进入了一种相对平稳的状态。

目前为止渔业的增长主要依靠养殖

1986年以来，全球渔业继续保持持续发展的态势，增长主要来源于水产养殖（图1.1）。1986～2020年全球水产养殖总量增长了889.4%。其中亚洲发展最快，增长了969.8%，中国增长了1152%，亚洲在全球水产养殖总量增长中占比89.2%（不含藻类）[2]。亚洲是全球水产养殖发展最快的地区，全球养殖业增长的主要贡献在亚洲尤其是中国：亚洲是世界人口增速最快的地区；亚洲人独特的饮食习惯和临水而居的自然人文传统，形成了对发展渔业的一种特殊需求。欧洲、美洲等地区水产养殖的增幅大，但总量占比小，主要为海水养殖；非洲和大洋洲的占比较小，非洲以淡水养殖为主（图1.2）。我国是世界水产养殖总量第一的国家，由于我国实行以养为主的水产政策，形成了淡水和沿海近岸的大规模养殖体系，也是世界唯一养殖水产总量超过捕捞总量的国家[10, 11]。从全球看，未来发展水产养殖，欧洲、美洲和非洲淡水和海水养殖都有充裕的可发展空间；亚洲地区在经过了近十多年快速发展的基础之上，如果按照现有的养殖方式和养殖模式，发展空间将会受到诸多因素的制约。

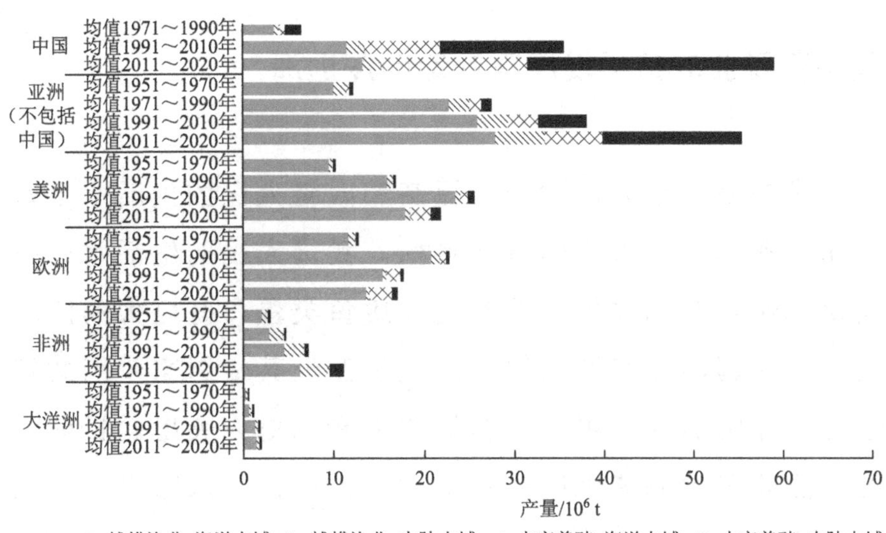

图 1.2 全球捕捞渔业和水产养殖产量的区域贡献分布[7]

综上所述，从区域人口增长的趋势、生活质量改善对动物蛋白的需求，以及饮食习惯与饮食结构改变和对动物蛋白生产消费结构的影响等三个方面，可以对未来全球水产养殖增长和发展趋势做一个分析和展望：欧洲、美洲等发达地区动物蛋白的生产、消费结构基本处于平衡状态，未来不会成为水产养殖的主要增长区域。亚洲、非洲等地区的发展中国家和欠发达国家既是未来人口增长的主要区域，也是对生活改善有迫切需求的区域。非洲的饮食习惯和饮食结构的取向将会是一个变量，但一定有发展水产养殖的需求。亚洲仍然会是全球水产养殖发展的主要区域。

我国养殖业的持续发展需要走向深远海

我国是一个人口大国，提高和改善人民的生活水平是党和国家的一个重要的奋斗目标。我国人民的生活水平提高得很快，对动物蛋白尤其是优质鱼类蛋白有巨大的潜在需求。我国渔业养殖的发展远快于亚洲其他国家，因此持续发展面临的问题更多，制约的因素也更为突出。目前我国渔业养殖的海淡水产品基本对半占比，淡水略高。与拥有的淡水条件相比，我国的淡水养殖已经占用很大的资源，2015 年淡水养殖产量达到峰值[10, 12]。近年来内陆江河湖泊生态保护和流域禁捕要求越来越严格，淡水养殖产量呈现减少趋势。

我国目前海上养殖主要集中在近海浅水海域，养殖方式粗放、养殖布局不合理、养殖密度过大、养殖品质不高。我们在汕头调研了解到，汕头市的榕江出海口和南澳岛与大陆之间有 100 多 km^2 的海域，是拥有天然遮掩条件的优良养殖海域。在历史上开展过海上网箱养殖，出产优质的石斑鱼。但是长时间大密度过度养殖导致海域的海水严重富营养化，海域环境恶化，养殖的鱼类致病并大量死亡，以至于近年来整个海域只能养殖蚝类和藻类。但是进行大密度的蚝类和藻类的养殖，又会造成一些新的海洋生态问题。所以就这片海域而言，可能需要人们提供一种较长时间的休养生息、自然修复的条件，才能够最终恢复良好的生态。此外，陆基海水养殖需要利用近岸的海水，近岸海水水质恶化将会直接影响到养殖品质和养殖成本，影响陆基海水养殖的发展。因此，我国的陆基海水养殖和海上近岸养殖产业已经处于一种退化的状态。

2013 年，国务院发布了《关于促进海洋渔业持续健康发展的若干意见》，明确规定将海上养殖面积控制在 115 万 hm^2 内，而且鼓励有条件的渔业企业进行海洋离岸养殖。这意味着早在 10 年前，我国近海养殖的发展空间就已经呈现出趋于饱和的趋势。事实上 2021 年我国海上养殖面积已经超过 202 万 hm^2[13]，有限的近岸海域资源已经难以担负水产品总量持续增长的负荷。

国家鼓励发展深远海养殖。我国拥有广阔的深远海养殖的海域资源。发展深远海养殖，具有水源优质、远离陆源性污染和目前开发程度低等显著的优势。深远海养殖采用的深水网箱，地处较深的海域，水面开阔、水流畅通，可以解决普通网箱养殖的水体交换不畅通、水质不稳定造成的鱼类抑制摄食、生长速度慢、病害发生率高的问题[10, 11, 14]。因此，深水网箱养殖显现出的效率明显优于传统网箱养殖。据 2017 年我国的一项统计资料显示，深水网箱仅用 2.83%的养殖面积，就创造了全国网箱产量的 18.5%[12]。

综上所述，我国淡水养殖的发展已经受到了限制，近岸海水养殖已经处于一种过度饱和的状态，唯有走向深远海，才能够保障我国渔业养殖业的持续发展。

需要探索深远海养殖的新途径

深远海养殖是一个严重受到海洋风浪环境影响的产业，迄今为止，发展深远海养殖一直是世界难题。挪威是世界海洋养殖的强国，深远海养殖的大国。挪威自然条件得天独厚，遍布不受海浪侵扰的峡湾，具有天然优良的海上养殖条件[15, 16]。挪威在发展深远海养殖方面居世界领先水平。主要发展了养殖工船和大型深水网箱养殖技术。从目前情况看，这类养殖方法的投资远高于近岸海水养殖，面临着较高死亡率、管理运营成本高等诸多难题；另外，深远海环境对养殖的影响还存在一系列未知因素，还存在许多需要人类进一步尝试和探索的问题。因此，挪威政府并没有大张旗鼓地去发展深远海养殖，只是让少部分企业探路，积累经验和技术。目前只有两家公司的两个深远海养殖项目获得挪威政府颁发的永久许可证。

我国科学家在 20 世纪 70 年代末就提出了建造海洋工船的设想[14]，通过 40 多年的努力，才在深远海养殖的装备上取得实质性的突破，2020 年我国深远海养殖的产量达到 29.31 万 t[17]。近 5 年我国建造了“国信 1 号”、“鲁岚渔 61699 号”等大型养殖工船，“深蓝 1 号”等大型深海网箱，“海峡 1 号”、“耕海 1 号”、“嵊海 1 号”等深海养殖综合平台。我国深远海养殖装备产业正在加快形成和发展，装备的技术水平也逐步跨入了世界先进行列。但是与挪威深远海养殖环境不同，我国沿海每年都会受到台风的影响，我们需要更谨慎地对待包括极端天气等带来的未知风险。因此，要将发展深远海养殖事业行稳致远，就需要从更多的路径进行探索。

第二章 >>

深远海养殖的定义与存在的问题

何为深远海养殖

有关深远海养殖（deep sea mariculture）的概念，海洋学、渔业生态学、国家海洋管理部门等有不同的表述和定义。粮农组织对深远海养殖有一个一般性的定义：设置于暴露在风浪作用下的开放海域，有设施设备保障，有补给船舶支持的海上生产系统[10]。我国学术界对深远海养殖给出过多种定义。有学者将深远海养殖定义为：设置在离岸10 km 以外、水深大于 20 m 并具有大洋性浪流特征的开放海域，采用规模化的养殖设施和机械化、自动化、智能化养殖配套装备，开展鱼类高效养殖生产，养殖配置符合生态环境相关要求[10]。有学者定义为：设置在离岸 3 n mile 以外、水深在 25～100 m、无遮蔽的开放海域，以远程管控设施装备为保障、陆海补给系统为支持，对生态环境无负面影响的工业化海上养殖生产方式[14]。还有学者将海上养殖分为近岸养殖、离岸养殖和深远海养殖[18, 19]。基于上述观点，并结合我国大陆架的特征和我国国情，我认为深远海养殖的定义应包含四个方面。

（1）深水：深远海养殖的深水，是指水深应能适应各类大型深水网箱的养殖。根据我们的调研和咨询，深远海养殖网箱适宜的水深范围为10～20 m，因此，深远海养殖的水深宜大于20 m。就网箱而言，单个网箱养殖水体越大，单位养殖水体网箱的造价越低、性价比越高。另一方面，深远海养殖的优势之一是能够大量使用大尺度的网箱，如直径60 m以上的大型圆形网箱。在深水环境中采用大尺度网箱养殖，就能形成一种更接近于鱼类生长的野生生长环境和自然生态环境，养殖出高品质鱼类。如果能解决灾害性海况的养殖风险问题，就能够用深水网箱大量地养殖大体形、长周期、高附加值的经济性鱼类，还能够改善鱼苗选育的条件。

（2）远海：深远海养殖是一种特殊的离岸海洋渔业养殖方式。在我国近岸的大陆架，分布有丰富的季节性、结构性、周期性的沿岸洋流，它们与外海进入的暖流系统构成了中国的海洋环流生态。这种海洋环流生态能够持续带来新鲜的海洋能量，并能够持续输运和稀释近海污染，进而建立起一种能够自我净化和自我修复的深远海养殖生态环境。因此，深远海养殖的选址，尤其是开展大规模深远海养殖的选址，需要考虑具有稳定近岸洋流影响的海域，建立起一种由海洋动力提供的稳定的养殖生态系统。针对选址需要组织专项的勘察，开展专题水文研究，其中要特别关注洋流环境的评估，尤其是赤潮影响的风险评估。

（3）系统性：深远海养殖是一个边界条件极为复杂的巨系统工程，定义还需要体现系统整体最优化的思想。开展深远海养殖的基本系统体系包括两个前提、一个基础、一条产业链。两个前提：一个是安全养殖一票否决，另一个是绿色可持续养殖一票否决。一个基础是：要以工业化的养殖方式为基础。一条产业链是：能够提供良好的资源保障条件，以养殖科学技术为支撑，采用高效率的养殖模式组织生产和有一个完善的营销服务体系的产业链，用以实现深远海养殖的完整社会价值的创造。

（4）经济性：如果一项技术需要社会付出高昂的成本，必将影响这项技术的推广和应用，影响这项技术最终实现自身的价值创造。第一，深远海养殖的目标，是要为人类创造一种重要的生活必需品，而不是一种生活奢侈品。要让这个产业成为一个能够更好地普惠广大群众的产业。第二，因此，对短期经济性的要求应该是高效率和低成本。第三，而对整个生命周期的成本和价值创造需要做科学的评估。

根据我国深远海养殖发展的条件、环境和需求的情况，结合我个人的认识，给深远海养殖作一个以下定义：设置在水深不宜小于 20 m 的开阔、开敞的海域，具有稳定的（近岸）洋流条件，后方陆域具备进行大规模养殖的现代化产业链的条件，养殖的安全风险可控，能够实现系统的最优化和养殖成本的最优化，并能够适应区域经济的长远发展、海域的长远规划以及海洋生态环境保护的海上养殖。

深远海养殖的问题在哪里

我国的深远海养殖起步晚，与先进国家相比仍存在较大的差距。2020 年我国深水网箱养殖的产量为 29.31 万 t，挪威在 2008 年三文鱼的养殖产量就达到了 77.5 万 t[2]，一个养殖品种的产量在 2008 年就比我国 2020 年深水网箱养殖产量多 1 倍多。我国水产养殖总量连续 32 年居世界第一，但目前深水网箱养殖的规模占比很小，仅占海水养殖总产量的 1.37%，水产养殖总产量的 0.56%[18]。

业界和学术界对我国深远海养殖发展的现状做了许多很有价值的研究，这些研究中提出的主要问题有：缺乏健全的政策法规体系保障，水产种业不能有效支撑海水养殖业发展，养殖模式滞后亟待升级，养殖产品附加值不高，等等[20-22]。针对于这些问题提出了加强产业顶层规划布局，构建完善法律法规体系、全产业链标准体系，培育现代海洋种业，持续推动养殖模式升级，实施品牌化战略，提升产品附加值等一系列重要的意见和建议[14, 23, 24]。

2022 年第 3 号台风“暹芭”给广东阳江深水网箱养殖带来了很大损失。台风后我们到阳江、湛江、汕头进行了一次深远海养殖发展现状的专题考察。我们在考察中与政府相关部门、地方养殖企业、渔业科技人员和现场养殖工人进行了深入的交流和探讨。通过调研，我们进一步发现了我国深远海养殖发展存在的一些值得关切的问题，加深了我们对发展深远海养殖问题的认识，具体总结为以下几个方面。

（1）发展深远海养殖经济效益很好，但是企业不愿意去发展。地方养殖企业是当前发展深远海养殖的主体。在座谈交流中，大家对我国海洋近岸养殖发展的不可持续性和发展深远海养殖的必然趋势都有共识。不少养殖企业认为深远海养殖能够创造很好的经济效益，用他们的话说："三年养殖只要有一年成功，就能够维持企业的正常运营。"尽管如此，绝大多数的养殖企业对于发展深远海养殖仍然望而却步，缺乏积极性。

（2）深远海养殖的风险太大。用他们在座谈中的一段话来讲："深远海养殖就是从有钱养到没钱，从有房住养到没房住。"再比如，地方养殖企业在座谈中提到，解决好养殖保险问题是他们最为关切的问题。对于企业来讲，发展深远海养殖是一种高风险的投资。如果没有养殖保险做保障，一旦受灾血本无归。养殖保险问题虽然已经得到了政府的高度重视，但是地方养殖企业反映，投保条款的设定异常苛刻，还不足以解决加快发展深远海养殖的后顾之忧。

（3）不少企业认为，政府是"岸上教练"。座谈中介绍，农业部门为了鼓励深远海养殖的发展，制定了包括每1万m^3养殖水体的装备给予200万元补贴等一些非常有力度的政策。但是这项补贴政策的惠及面很有限。地方政府鼓励多、实际投入少。因为面对深远海养殖的巨大风险，政府在推动深远海养殖发展时，不仅需要面对投入产出的问题，更为重要的是还需要面对安全风险的问责担当问题。

（4）不解决深远海养殖的风险，无法实现大的发展。比如湛江市的养殖业基础条件较好，为了加快养殖业的发展，近年来成立了以深远海技术研发为主攻方向的研发机构，整合高校、企业资源，形成了产学研用一体的研发体系，并取得了不少成果。但是未来如果没有能够承担风险损失的资本支持，落实实施主体会成为制约技术成果规模化转化的一大难题。

我国东南沿海台风多发，1977～2021年登陆我国的台风数量年均达到7.4个[25]。台风导致的灾害严重地影响了渔业养殖，从我国近年的统计资料看，海上养殖年年都要遭灾[25]。例如，2013年广东和海南两省累计损毁了海上养殖网箱（鱼排）6万多个[26]；2014年第9号超强台风“威马逊”造成了海南省的渔业直接经济损失超过27亿元[27]；2021年强台风“烟花”使浙江舟山的18.4万多亩水产养殖面积受灾，直接经济损失达到10亿元[28]。

中国工程院院士包振民教授是从事海洋科学研究的知名海洋生物专家，他的观点是：发展深远海养殖事关国家粮食安全，意义十分重大。当前我国的深远海养殖面临三个问题：第一是“看天吃饭”，到深远海养殖不安全；第二是不走向深远海，国家的养殖事业前景堪忧；第三是“看天吃饭”的问题不解决，深远海养殖就走不出去。中山大学黎祖福教授是长期推动我国海洋养殖事业发展的知名学者，他提出的一个重要观点是：发展农业生产要兴修水利，变“看天吃饭”为“旱涝保收”；发展深远海养殖也要解决“看天吃饭”的问题，只有解决好高海况环境下的养殖安全问题，才能够突破深远海养殖的发展瓶颈。

我们得出的结论是：只有解决好养殖安全问题，才能够让养殖企业安心地走向深远海，投资者和保险企业才能够放心地提供服务，政府才能够放手地制定政策和统筹协调，我国的深远海养殖才能实现良性发展。制约我国深远海养殖发展的核心问题是养殖安全问题。

为什么会有养殖安全问题

海洋巨大的波浪反复作用所造成的破坏能力是一种人力难以抗拒的破坏力，也是大自然给人类带来的最具灾害性影响的破坏力之一。我从两个方面来说明这个问题。第一个是我作为港珠澳大桥岛隧工程负责人，2017 年 8 月在人工岛上亲身经历了超强台风“天鸽”过境的过程（见附录二）。“天鸽”预报时的最大风力不到 10 级，是一个在我国南海形成的小台风，登陆时成为了一个风力达到 16 级以上、实测风速超过 50 m/s 的超强台风，造成珠海经济损失 100 多亿元。从这个经历中我获得了两方面的感受：①即便是在气象卫星、超级计算机、智能化分析模型的时代，像海洋台风这样的灾害性气象仍然具有不可预测性。②海洋极端灾害性天气呈发展趋势，海上的灾害性气象海况所造成的破坏力往往远超出一般人的想象。这里我想给大家介绍一个让我们感到很震惊的细节。当时因为有些幕墙还没装好，透过幕墙的风，居然能够把室内用作隔墙结构的槽钢和工字钢吹弯吹变形。当我们身处台风中心的那个时候，才真切地感受到“此时此刻人类的任何努力都会不堪一击”。

第二个是我们的团队对海上“排山倒海”的力量做过分析。我国南海近岸的极端灾害性海浪高度达到 16 m。这种波浪每 100 m 迎浪面的波浪力达到 5 万 t，与一座千米级悬索桥主缆的缆力相当。在桥梁界，将悬索桥的主缆称作大桥的生命线，在主缆两端设置两个大锚锭提供主缆的拉力，被称为大桥的“命根子”。提供 5 万多 t 缆力的锚锭，是一种需要嵌入地下的自重超过 20 万 t 的巨大的结构物。这类波浪的波周期一般都会达到 10 s 以上，波长甚至会超过 200 m，波流速度能达到 10 m/s 的级别。波浪进入近岸的水域受到海床的挤压后会发生变形，在海底地形变化剧烈的区域还极有可能引发波能突变的一些现象，造成一些不可预测的破坏性的波浪行为。这种波浪到底有多大的破坏力，我们可能还没有人经历过，还缺乏对它的直接经验和感受。

第三章 >>

大规模深远海养殖新模式

如何解决养殖安全问题

人与自然要和谐相处，要敬畏自然，否则就会受到惩罚，会付出巨大的代价。所以，在灾害性的海况可能发生的时候，人类普遍遵循的防范原则和指导思想，不是对抗而是避让。避让的方式归结起来有以下几类。

第一类是撤离到预定的安全水域防御灾害。在我国东南沿海设置了许多防台锚地，当有台风影响时，社会船舶和工程船舶只有撤离到这些预先规划的水域，才能保证安全。

第二类是通过游弋的方式主动避让。举一个港珠澳大桥建设中的案例。港珠澳大桥人工岛建设需要 120 个直径 22 m、高约 50 m 的钢圆筒，用 10 万 t 远洋轮从上海运到珠江口。在满载钢圆筒的情况下，船舶的安全抗风等级为 8 级，我们利用全球气象信息系统提供的信息，让船舶始终避开8级风圈的影响范围。养殖工船也采用了主动避让的防灾理念。

第三类是在原地垂向避让。海上工程使用的自升式平台通过升出波浪影响范围，来避开风浪灾害的影响。比如近海的采油平台和海上施工的大型工程平台。平时作业可以通过升降，使得工作不受波浪影响。在有灾害性海况的时候，只要升出了波浪影响范围就可以保证平台的安全。

现在技术发展了，人类也在尝试发展一些在极端海况下不需要撤离的浮式平台和特殊装置，但造价极其昂贵。例如，我国南海的大型漂浮式采油平台，一个平台的造价达到200亿元左右，平台通过锚固系统固定在作业海域。当面临灾害性海况的时候，人员要撤离，平台不需要撤离。再比如国家计划研发一个造价38亿元的大科学装置，用来研究海洋的灾害性气象规律。这个装置需要做到在极端海况下人员和装置都要安全。近年来发展的深远海养殖平台也是一种能够做到就地防御灾害的装置。

第四类是采用工程的方法隔离灾害性海况的方式。港口水工工程的港池和防波堤就属于这类方式。我国海上养殖普遍采用HDPE深水网箱。这种网箱在通常的海况下能够“以柔克刚”，经济性很好。但在灾害性海况下网箱会产生很大的变形，网箱的自身结构和锚固系统都会变得不安全，养殖的鱼极其容易受伤死亡或大量逃逸。而且网箱自身不具备撤离的机动能力，当地也没有条件为大量的网箱提供临时存放的安全水域。因此，我们团队创新提出了一种离岸隔离的防御理念，基于海工工程隔离灾害性海况的思路，研发了一种通过建设海上防护基础设施，隔断灾害性海况，为深远海养殖提供离岸的有安全保障的人造环境的技术。

为此，我们需要建立一种海上防护基础设施的新型大型公共基础设施理念。公路是一种汽车通行的基础设施，航道是一种船舶通航的基础设施，机场是一种航空运输的基础设施。同样地，这里的海上防护设施是一种深远海养殖的基础设施。

我国南海的极端灾害性海况极具代表性，我们团队以这种条件的波浪为研究对象，探索了利用海工工程技术在海上建设能够防御极端灾害性海况人造环境的可能性。

团队提出的海上防护基础设施的主体结构是由大直径圆筒和放置在圆筒顶部的挡浪墙体组成的安全消浪设施（图 3.1）。研究针对我国南海近岸波高 16 m 的波浪。选择的海域离岸距离 10～15 km，水深 28～30 m，砂质海床。如果需要抵御 16 m 的波浪，就需要采用直径近 30 m、自重超过 4 万 t 的大型圆筒结构，在插入海床的一定深度以后，每个这样的圆筒可以独立地抵御 1 万多 t 的波浪力。将数百个圆筒围成一个圈，与圆筒顶部的挡浪墙体组合在一起，就形成了能够抵御以百万吨计的波浪力的安全消浪设施，用以隔离灾害性的海况。圆筒之间需要设置间隙，让安全消浪设施有一定的透水和透浪的功能。通过调整间隙，可以控制安全消浪设施的透浪率和透水率。团队研究的结果：16 m 的波高可以被削减 80%～90%，降低到 2 m 左右；并且可以做到每昼夜进行 1 次水体交换。在未来需要根据具体的海况环境和工程建设的条件，以及养殖对水质环境的要求，开展模型实验来确定具体的工程设计方案。采用这种以安全消浪设施为主体结构的海上防护基础设施，即便是我国近岸的极端灾害性海况，深远海养殖安全包括养殖水质环境都可以得到保障。在这样的水域里进行深远海养殖，就完全免除了对海洋灾害的后顾之忧。

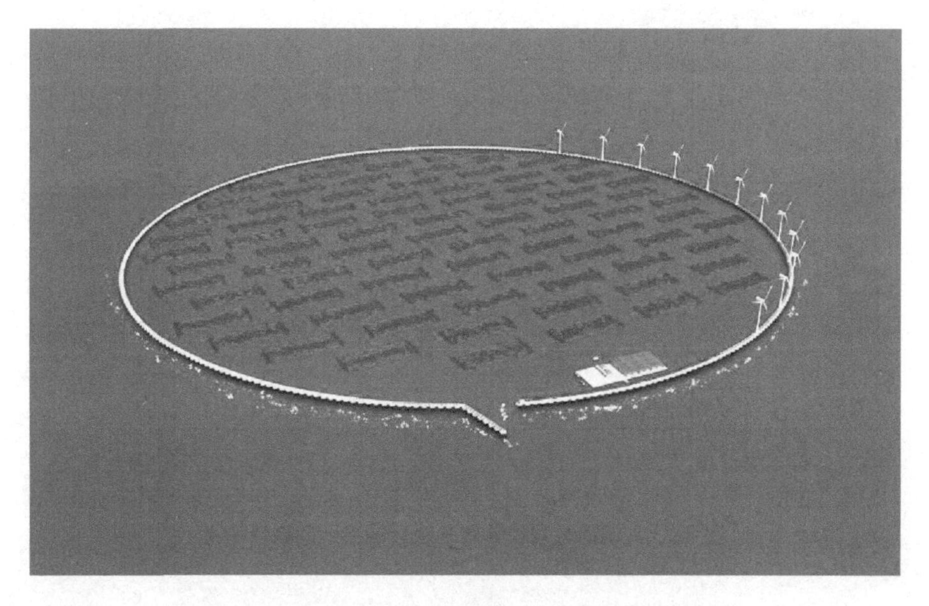

图 3.1 大规模深海养殖基地安全消浪系统示意图

海上防护基础设施建设的适宜水深为 20～40 m。我国沿海大陆架水深 20～40 m 的海域面积有 37 万 km^2[8]，可利用的海域资源十分充足，建设的经济技术条件都较为有利。海上防护基础设施的形状以圆形为最优：第一，单位长度获得的遮掩水域面积最大，经济性好（图 3.2）；第二，消浪效果较好，有利于结构安全；第三，有利于控制对区域水流环境的影响。海上防护基础设施属于一种透水结构物。根据我国有关透水结构物的用海规定：地方政府拥有 7 km^2 以内的审批权限，超过 7 km^2 需要由国家相关部门进行审批。所以，可以将大规模深远海养殖基地分为小型、中型和大型三类。7 km^2 以下规模的为小型，7 km^2 以上为中、大型（表 3.1）。

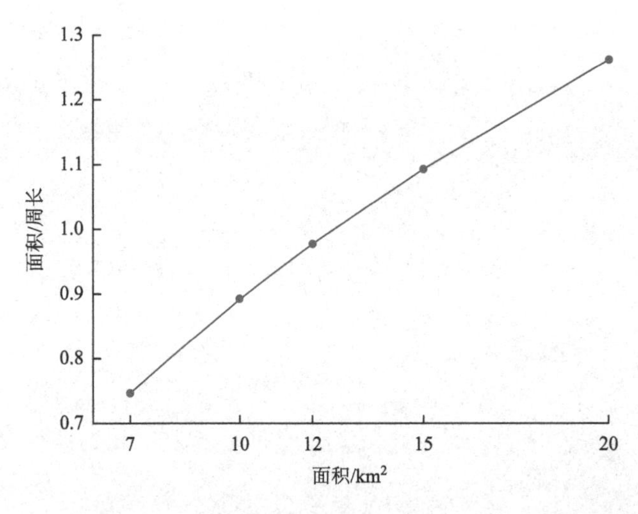

图 3.2 深远海大规模养殖基地（圆形）面积效率比

表 3.1 养殖基地规模参数

基地面积/直径/周长/(km^2/km/km)	网箱数/组	养殖水体/万 m^3	产量/万 t	产值/亿元	规模	万 m^3 养殖水体造价/万元	总投资规模/亿元
7/3/9.4	21～28	2800～4200	42～63	84～126	小型	202～135	56.4
10/3.6/11.3	30～40	4000～6000	60～90	120～180	中型	170～113	67.8

续表

基地面积/直径/周长/(km^2/km/km)	网箱数/组	养殖水体/万 m^3	产量/万 t	产值/亿元	规模	万 m^3 养殖水体造价/万元	总投资规模/亿元
12/4/12.6	36～48	4800～7200	72～108	144～216	中型	157～105	75.6
15/4.4/13.8	45～60	6000～9000	90～135	180～270	大型	138～92	82.8
20/5/15.7	60～80	8000～12000	120～180	240～360	大型	118～79	94.2

注：产量按照 15 kg/(m^3·a)计算；产值按照海上收购价 20 元/kg 计算；安全消浪结构造价按照 6 亿元/km 计算。

建设这种海上防护基础设施是一种大规模的海工工程，它的投资规模与高速公路工程和大型桥梁工程是相当的。但与后两者相比较，建设海上防护基础设施可以采用工业化流水线进行大圆筒的制造，采用大型装备在海上进行安装，工效很高，施工速度很快，建设周期很短，规划、设计、建造可以在一年内完成。投资大，收益高，见效快。投资的财务成本也远低于后者。

大规模深远海养殖的全新命题

通过海上防护基础设施围成 10～20 km^2 的遮掩水域，形成一个大规模深远海养殖基地，一个养殖基地的平均养殖水体就能达到 6400 万 m^3 的规模（表 3.1）。就养殖规模而言，量变带来了质变，深远海养殖的条件发生了巨大的变化：2021 年全国深远海养殖水体的总量大约仅为 3400 万 m^3；世界上现有的各类深远海养殖平台、养殖工船、养殖网箱的养殖水体，一般都在 3 万～5 万 m^3，最大的也只有 10 多万 m^3 的规模。人类通过自己建设大规模的海上防护基础设施进行养殖，这是人类历史上第一次提出大规模深远海养殖的全新命题。面对这样一个命题，必然需要我们对如何开展大规模深远海养殖进行系统的探索和研究。

要建立现代化大规模养殖方式的新理念

建立现代化大规模养殖方式的新理念是首要问题，其本质就是要建立起以工业生产的大规模生产方式为基础的新的养殖思想。第一，这个新理念要以工业生产的机械化和自动化为基础。种植业、畜牧业、渔业等，它们的基础生产方式的共同特点都是重复性工作。按照工业生产的规律，重复性的工作都可以实现机械化和自动化，而且采用自动化的生产方式更具优势。以美国为例，美国是世界农业生产最先进的国家，美国的种植业、畜牧业都实现了机械化和自动化的生产就是很好的证明。第二，这个新理念要以系统工程思想为基础。以现代化大规模养殖方式为基础的养殖体系是一种由以下四个方面所构成的覆盖了三个产业的系统工程：①有大规模养殖水域作为基础，②具有开展大规模养殖的条件，③在规模化条件下能够形成高效率的机械化和自动化的生产系统，④能够形成一种完善的社会服务保障体系。按照这样一种养殖的理念，需要以系统工程思想为指导，创新发展一种以先进的工业化思想为基础的全新的大规模深远海养殖模式。鉴于此，深远海养殖方式的发展面临着一个大变革和大发展的重大机遇。

创新一种大规模深远海养殖模式

根据现代化大规模养殖方式的新理念，我们提出了一种大规模深远海养殖新模式（图 3.3）（以下简称“模式”）。该模式由海上防护基础设施、工业化养殖系统和陆基支持系统三个部分组成。模式的主体是工业化养殖系统，该系统包括模块化组合网箱系统、专业化养殖服务系统和智能化监控管理系统三个子系统。由海上防护基础设施提供的大规模的水域环境，模块化组合网箱系统创造的开展大规模养殖生产的条件，专业化养殖服务系统、智能化监控管理系统和陆基支持系统等形成的高效率的机械化和自动化的生产系统，以及完善的社会服务保障体系，形成的一种大规模深远海养殖模式，是一个复杂的系统工程。这个系统的特点：一是经济规模巨大，由一个大型深远海养殖基地构建的系统，形成的社会经济规模总量将超过 500 亿元；二是一个覆盖三个产业的大系统；三是一个由地方政府主导，以地方企业为主体的产业链。这种模式能够较好地解决四个方面的重要问题：①解决养殖安全问题；②能够在空间高度集中、资源高度集约化的条件下进行大规模养殖；③形成一个高效率、高产出、低成本的养殖服务体系；④在绿色养殖、海上生活等方面有新的突破。为了便于了

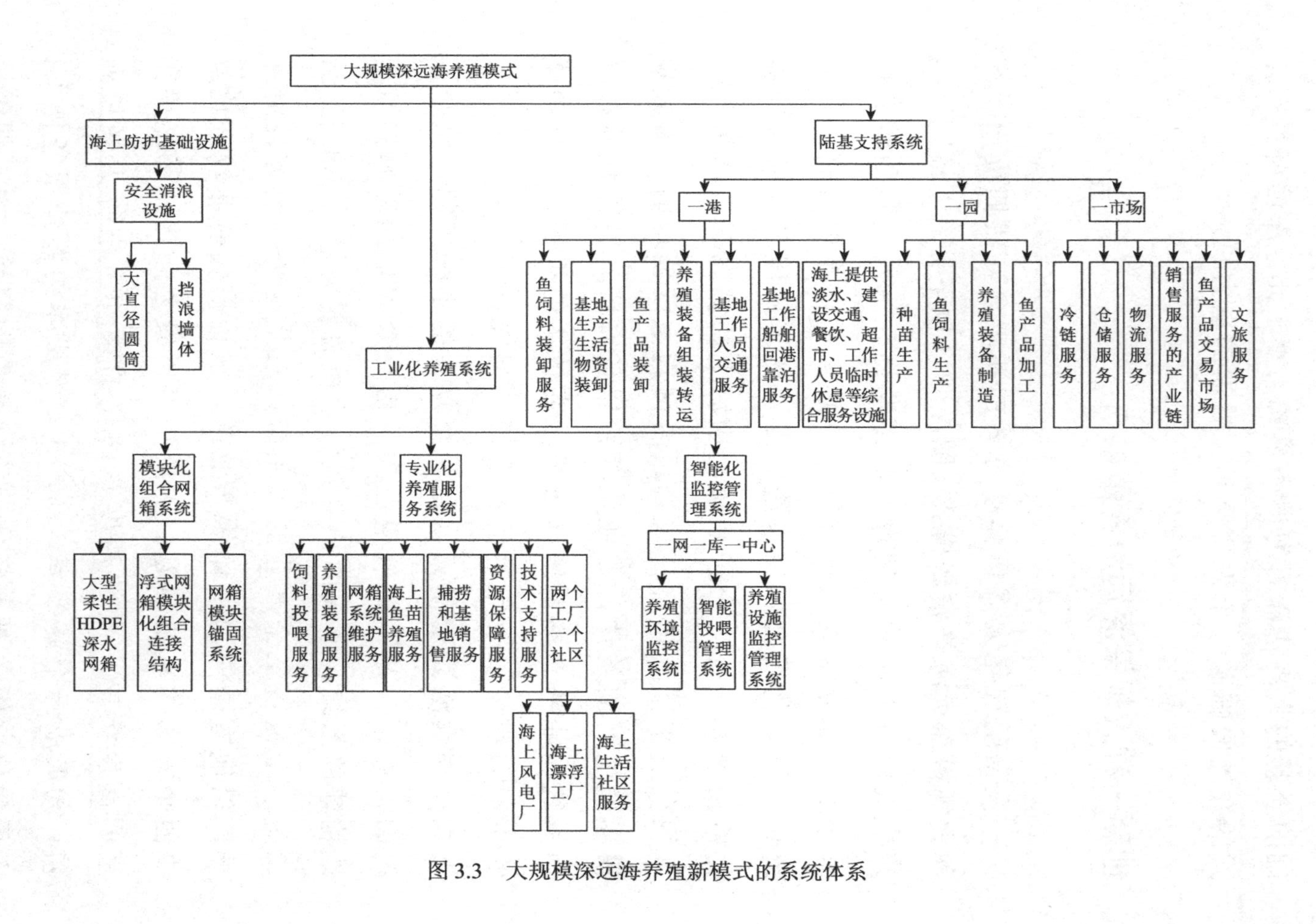

图 3.3　大规模深远海养殖新模式的系统体系

解和把握这个模式的体系和思想，我们将这个模式概括为“两个前置条件、三大特点、三个特色和两个区别”。

大规模深远海养殖模式的两个前置条件

海上防护基础设施提供安全养殖的条件，陆基支持系统提供产业链和资源保障的条件，它们是开展大规模深远海养殖的两个前置条件。前者在前文已做了系统介绍，接下来对陆基支持系统作一个介绍。

陆基支持系统是大规模深远海养殖后方的配套产业链。该系统的经济规模巨大（表 3.2）。每建设一个大规模深远海养殖基地，需要配套的饲料生产能力达到 90 万～100 万 t/a；鱼产品的销售产值按照世界渔场交货价的 1.5 倍估算，达到 289.5 亿元/a 的巨大的交易规模。因此，发展陆基支持系统也是发展地方经济的一个重大机遇。

表 3.2　单个基地陆基产业主要平均经济参数比较

海上养殖基地平均面积/km^2	网箱数/组	鱼苗/(亿尾/a)	鱼的产量/(万 t/a)	养殖产值/(亿元/a)
12.8	45	—	96.0	193.0
陆基产业平均经济参数	养殖装备制造 20 亿～25 亿元	鱼苗 5 亿～10 亿尾/a	饲料产量 90 万～100 万 t/a	销售产值 289.5 亿元/a

注：鱼的饲料按照养殖产量 1∶1 进行估算；销售产值按照渔场交货价 1.5 倍进行估算。

陆基支持系统形式上可以按照“一港”、“一园”、“一市场”统筹配套。

（1）“一港”就是要有一个专用的港口。提供鱼饲料装卸、基地生产生活物资装卸、鱼产品装卸、养殖装备组装转运、基地淡水供应、基地工作人员交通、基地工作船舶回港靠泊等服务，在港区还需要建设交通、餐饮、超市、工作人员临时休息等综合服务设施。服务于一个深远海养殖基地的港口年装卸量大约为300万～500万t。

（2）“一园”就是要在港区后方规划一个产业园。一个养殖基地的主要配套产业包括种苗生产（5亿～10亿尾/a）、鱼饲料生产（90万～100万t/a）、养殖装备制造维护（3亿～5亿元/a）、鱼产品加工（100万t/a）等。

（3）“一市场”就是要在港区和产业园之间建设一个鱼产品交易市场（交易额规模：300亿元/a）。配套冷链服务、仓储服务、物流服务、销售服务、文旅服务等构成的产业链。

大规模深远海养殖模式是一个覆盖了三个产业的产业链，而且是由若干分散独立的经济实体和企业组成的十分庞大而复杂的系统工程。该模式的海上养殖是一种类似于工业化生产的大规模生产组织方式；整体体系更类似于一种工业化生产的标准流程化的生产组织方式。因为，如果需要维持一个大型深远海基地的养殖生产，那么人们每天都需要向海上提供约200万～300万尾鱼苗、约2500 t饲料，以及各种补给物资、日常海上养殖服务所需要的支持。海上每天都会生产出约3000 t的鱼产品，所有的鱼产品每天都需要能够得到及时的加工、保鲜、储藏或分销。海上养殖生产难免会遭遇到恶劣的气象海况，需要具有标准流程化的应对功能和应对能力。信息管理系统是“中枢”和“大脑”，每天还需要完成数据的采集、分析，并形成系统的指挥指令。总而言之，大规模深远海养殖模式的体系的运行，是一个以社会分散的自然资源为主体的一种特殊的大规模的生产组织系统，这个系统涉及整个社会资源的许多方面。一旦运转不畅，不仅会影响到系统本身的正常运行，而且会带来社会面上的影响，造成经济损失。这样一个复杂的系统工程问题是一种全新的、需要地方政府、养殖企业在未来深入思考和研究的重大管理问题。

大规模深远海养殖模式的三大特点

大规模深远海养殖模式有三大特点：一是“模块化养殖”实现大规模集约化的养殖生产；二是“专业化服务”体系提供高品质高效率的养殖服务；三是“信息化管理”实现对养殖生产的管理和指挥。

1. 模块化养殖

在一个有遮掩的水域里开展深远海养殖，首先，如何确定养殖水体的适宜占比是一个十分重要的、需要优先解决的具体问题。针对这个问题团队进行过研究。在大面积遮掩水域内确定养殖水体适宜占比的影响因素包括：①养殖所处海域的海流强度等条件；②海域的强浪向和海流流向的耦合关系；③海上防护基础设施的透浪率和透水率的优化设计；④最关键的因素是，在遮掩水域开展养殖所需要或所允许的波浪、海流、水体交换频次，以及满足养殖作业所需要的船舶通道、深水网箱锚固的水下安全空间的控制标准。综合已有的研究成果，在大面积遮掩水域内，养殖面积的适宜占比为20%～30%，相应地养殖水体体积的适宜占比为10%～15%。按照这个标准，建设一个大规模深远海养殖基地，平均养殖水体能达到6400万m^3。

其次，未来如何去突破大型柔性深水网箱的锚固将是一大技术难题。即便是处在有遮掩的环境中，仍然存在三个方面的问题：一是与近岸的条件相比较，海上工程的经验告诉我们，30 m的水深是一个很大的变化，将是一种完全不同的挑战；二是以大型柔性深水网箱和深水锚固系统构建的这种大规模的柔性结构物的锚固体系的锚固机理是一个尚需要进一步研究的复杂的工程问题；三是在遮掩的环境中，虽然使得海浪和海流的条件得到了控制，但是仍然存在外海环境下大型深水网箱的抗风安全风险问题。我们认为即便是有遮掩的深远海条件，它与近岸浅水条件相比，网箱的锚固将会是两种完全不同的体系。更为重要的是还存在两大安全问题：一个是深水网箱高密度分布，会造成多个网箱的锚固系统相互压锚，牵一发而动全身，不仅会增加网箱拆装维护的难度，甚至会存在网箱结构发生意外的安全风险；另一个是高密度网箱以及密集的锚固系统，会成为养殖船舶行驶作业的一种安全隐患。

2017年全国深水养殖水体1200万 m^3[12]，网箱数量达到14 000个，一个深远海养殖基地的平均养殖水体6400万 m^3，相当于全国深水养殖水体的5倍。如果采用传统的深水养殖方式，就要用数万个网箱在遮掩水域里养殖，显然是不可行的。假如采用大型的深水网箱分散养殖，根据前面对大型柔性深水网箱锚固系统的分析，特别是对两大安全问题的分析，应该也是不适宜的。遮掩水域是一种人造的并且是有限的水域环境，空间高度集中，资源高度集约化，给养殖环境带来了前所未有的改变。人们已经不能设想在这样一种极为受限的空间中，仍然按照人们的习惯用成千上万的网箱自由地进行养殖。因此，团队提出创建一种模块化组合网箱系统，创新一种模块化网箱连接技术，将10～12个大型深水网箱进行模块化组合，并实现整体锚固，形成一个个的养殖单元，进而在有限的空间拓展出数千万立方米的养殖水体，同时创造一个能够保障养殖工作顺畅有序的工作环境。

模块化组合网箱系统由两部分组成：①大型深水网箱。比如采用直径60 m以上、养殖水深15～20 m的大型圆形柔性HDPE深水网箱。结合网箱的透水性能、养殖水体效率、养殖的习惯等，也可以考虑采用矩形、方形或其他形状。采用HDPE深水网箱的好处在于，这类网箱在我国技术成熟，经济性好，生产制造使用都具备良好的基础条件。②关键技术是需要创新一种漂浮式的、柔性的大型深水网箱模块化连接结构体系，也可以简称为深水网箱模块化连接技术。通过这项创新的技术要实现两个功能，并且解决两个重要的问题：一是通过这种漂浮式的、柔性的模块化连接结构，要能够实现未来对养殖工作体系的整体锚固的功能；二是依靠这个模块化连接结构，能够将10～12个大型深水网箱，连接成为一个整体的养殖单元。这种锚固体系在海中的尺度很大，长度达到数百米，宽度要超过百米。在实际使用时，首先需要在海中组装和锚固好这种锚固体系，然后再将一个个的大型深水网箱漂浮到锚固体系相应地位置进行连接和固定，完成整个养殖单元的组装工作。

单个养殖单元的养殖水体大约为100万m^3，每平方千米布设3～4组这样的养殖单元，一个10多km^2的深远海养殖基地有数十组这样的养殖单元。采用模块化组合网箱系统的技术还具有以下三方面的优势：一是有利于养殖网箱形成标准化的系列产品，二是有利于海上养殖专用船舶实现标准化和系列化的研发制造，三是有利于建立标准化的养殖服务体系。

2. 专业化服务

在前文已经介绍过，一个大规模深远海养殖基地，如果一年养殖90万～100万t鱼，就意味着这个基地需要管理超过50个100万m^3的养殖单元、600多个10万m^3养殖水体的大型深水网箱；一个基地平均每天要新投放200万～300万尾鱼苗、投喂2500 t饲料、捕捞3000 t鱼等。以上就是所谓大规模深远海养殖的一种量化的概念。仅就量而言，它就是对现有养殖方式的一种颠覆。在这样一种认识的基础上，接下来我们对未来大规模深远海养殖的5项重要工作逐一进行分析。

第一项重要的工作是大规格鱼苗的海上养殖工作。现在的养殖因为规模不大，使用的网箱也不大，一般采用小规格鱼苗直接投放到网箱内进行喂养。随着鱼的体形增大，再更换大网眼的网衣。在鱼的生长周期内，大约要更换2～3次网衣。但是养殖工人告诉我们："在海上养殖，最辛苦、最困难的一项工作就是更换网衣。"目前也有一些直接投放大规格鱼苗，来避免更换网衣的做法。而大规模深远海养殖需要采用大型HDPE深水网箱，比如达到10万m^3养殖水体规模的网箱，直接投放小规格鱼苗、在鱼的生长过程中多次地更换网衣，这种做法的技术可行性和经济性都存在很大的问题，至少是一个需要在未来结合于养殖实践进一步论证的问题。我们的考虑是：将大规格鱼苗的海上养殖工作列为一项专业性的工作。在养殖基地内专门规划一个鱼苗养殖区域，或者采用适合于小规格鱼苗养殖生长的网箱，或者采用比如海上循环水这类高效率的鱼苗养殖技术，来解决大规格鱼苗的大批量养殖问题。

第二项重要的工作是网箱系统的安装、更换和维护工作。假如未来采用10万m^3养殖水体的大型圆形柔性HDPE深水网箱，这种网箱的尺度非常大，直径达到80 m以上，周长达到240 m以上，面积要达到5000 m^2，相当于10多个标准篮球场。这种网箱在波浪作用下竖向是一种柔性结构；在海平面上需要依靠漂浮式的支撑体系加上锚固系统来形成一种稳定的结构；沿着水深的垂直方向，如何做到在受到海流、波浪影响的时候，网衣整体能够保持一种稳固的状态，是一个难题，是未来使用这种大型深水网箱，在装备技术上有待突破的一个关键技术问题。这样一种大型柔性深远海养殖网箱产品，实际上是一种包含了复杂工程科技的工业产品。未来在海上养殖中使用这种产品，从工厂生产、产品运输、产品组装、海上组合，一直到拆除更换、维护回收等全过程的工作，都属于专业性、技能性以及对装备有很高要求的工作。要完成好这些工作，不仅需要形成一整套的专项技术、专用装备，还需要建立专门的标准，培训专业的作业人员，组建一支专门的团队。

第三项重要的工作是饲料投喂工作。饲料投喂工作直接影响鱼的生长和养殖成本，饲料加上饲料投喂服务占了养殖成本的60%～70%。传统的饲料投喂方式是一种依靠经验粗放的饲料投喂方式，是一种低效率的生产方式。传统的饲料投喂工作是劳动密集型工作，本质上属于一种重体力劳动。我们在湛江调研了一家在国内属于规模较大管理比较先进的养殖企业。该企业每年生产大约4500 t鱼产品，30个养殖工人，平均每天大约需要投喂15 t饲料。这些养殖工人反映，第一，每天都要搬10多t的饲料，身体和心理都非常疲劳；第二，常年在风浪条件下喂食，对于人、船和网箱都存在很大的安全风险；第三，最好的情况是让鱼吃九分饱，这样鱼不易得病，残饵少，饲料浪费少，鱼也长得快，但是凭经验投喂饲料，大多数情况都会多喂或者少喂。采用大规模深远海养殖模式，一个基地每天平均需要投喂饲料量要达到2500 t的量级，面对这样一个投喂量，传统的饲料投喂方式已经失去了可行性。如果未来人们能够依靠科学的方法，实现精细化的投喂，一年减少10%的饲料浪费，就可以节约5亿元的成本；如果能够将鱼的生长速度提高5%，一年就可以增加近10亿元的产值收入。但是在调研交流中我有一种感觉，将来要让养殖企业快速地改变对包括饲料投喂在内的一些习惯做法会有非常大的难度。退一步讲，当我们面对现实条件限制的情况时，我们可能需要采取一些过渡性的方法。但是我们一定要十分清楚地知道，采用传统的和习惯的方法，无法发挥出现代化大规模养殖方式的工业化、自动化和高效率的优势。因此，针对于饲料投喂，需要构建一个通过自动化、智能化最终能够达到精细化、精准化的大系统，并按照这个系统来建立一个服务于大规模深远海养殖饲料投喂的专业化生产管理体系。

第四项重要的工作是网衣污损生物的清理工作。根据我们的调研，无论对于哪一类的网衣材料，从我国现有的养殖经验来看，网衣的污损生物已经成为了影响海上网箱正常养殖的另一个十分重要的具体问题。我们分析，由于目前我国近岸养殖的水质环境都有不同程度的海水富营养化现象，形成了一种比较有利于网衣污损生物生长的生态环境。按照一年的养殖周期，在某些季节网衣污损生物的生长速度特别快；按照水深和水流的分层，网衣污损生物的生长有不同的分布和变化；网箱内的养殖密度和饲料的投喂管理会影响水体的营养成分，也会影响网衣污损生物的生长等。污损生物的大量附着会阻塞网眼，影响网箱内外的水体交换，导致网箱内部环境恶化，增加鱼群致病和死亡的风险。未来的大规模深远海养殖是在稳定的洋流环境中进行养殖：第一，有新鲜的海水不断补充，能够实现频繁的水体交换，海水富营养化的现象能够得到改善。第二，在有稳定洋流的环境中，海水的温度一年四季也会相对地更加稳定。第三，如果采用大规格的鱼苗以后，能够采用较大网眼的网衣材料，还有利于改善人工养殖形成的富余营养水体在网衣区域的集聚情况。总体上来讲，大规模深远海养殖网衣污损生物的影响一定会得到改善，但是对于养殖一定仍然是一个重要的影响因素，这一点是不会改变的，而改善的程度还有待在未来做进一步的研究。传统网箱清理污损生物，常常采用更换网衣、晾晒再进行清理的方法。对于大规模深远海养殖采用的大型深水网箱，一个网箱如果达到 10 万 m^3 的水体，仅网箱里的鱼就有上千吨；网箱本身也很昂贵，更换网衣还需要大量的装备和人力的投入。如果仍然简单地考虑采用更换网衣的方法，对养殖的鱼会产生影响，在经济上及管理上都将会形成一系列的难题。如何处理大型深水网箱产生的污损生物，是大规模深远海养殖有待于攻克和解决的一个重大问题。这个问题有多条可能的解决路径，比如第一，从网衣材料上进行突破，研发能抑制污损生物生长的网衣新材料；第二，从装备上进行突破，研发自动化、智能化、高效率的网衣污损生物清理装备；第三，建立基于大规模养殖的网衣污损生物监测管理系统，准确掌握污损生物生长状态，并能及时提供清理信息；等等。但是，最为重要和最为关键的是要建立一套专业化的管理体系，形成一支网衣污损生物的监测、监控、清理的专业化的管理队伍。

第五项重要的工作是捕捞工作。首先，一个基地的年捕捞量理论上要达到 90 万～100 万 t。就捕捞量而言，这已经是一个远超出正常捕捞能力范围的捕捞工作。其次，以一个 10 万 m^3 养殖水体的大型深水网箱为例，成品的鱼类达到 1500 t 左右。要在受到柔性网箱制约的环境下完成这个大强度的捕捞工作，不仅需要研发一系列特殊的装备和工具，还需要开发一些特殊的专业化的大型捕捞船舶。最后，对于一个基地，如果每天都需要去完成 3000 t 的捕捞量，就一定需要建立一支专业的，并且要足够强大的捕捞团队，才有可能完成好这项繁重的工作，担负起这样一种重大的责任。

根据以上的工作分析进行整合和组织，我们建立了包括海上鱼苗养殖服务、网箱系统维护服务、饲料投喂服务、污损生物管理服务、基地捕捞服务五大专业生产系统，加上资源保障服务、技术支持服务、海上生活社区服务三大专业服务系统的一个完善的大规模深远海养殖专业化服务体系。按照未来达到自动化、智能化、标准化、流程化的理想组合状态做了一个预测，一个基地的人员配置大约在120～180人。但是这些人员应该都是高素质的专业人员，都是知识型员工。根据粮农组织2018年的报告，全球渔业养殖从业人数为2050万人，养殖的水产品总量为8210万t。如果采用大规模深远海养殖模式，每100人每年可以养殖64万t鱼产品。按照这个养殖效率，大概仅需要1万多人，就能实现同样规模的养殖产量。从以上分析结果我们可以做一个判断：采用大规模深远海养殖模式，不仅可以改变海上养殖的资源条件、改变深远海养殖的风险状态、改变养殖生态的可持续性，还极大地解放了海上养殖业的生产力，完全可以媲美甚至超越美国、英国、日本等发达国家的先进农业生产水平和生产方式。如果我们能够不失时机去发展这种模式，我国的深远海养殖业就一定能够率先实现现代化大农业生产方式的重大突破。

下面以饲料投喂服务为例做进一步的分析和说明。与在海上的自然环境中养殖相比，有掩护的环境称得上“风平浪静”，安全是有保障的；饲料投喂服务系统提供的是一种智能化的精准投喂方式，是对传统人工投喂方式的颠覆。饲料投喂服务系统包括饲料储供中心、智能化喂料船和“供料-投饵”管理系统。这个系统按照专业化分工的原则，创造了一种能够满足大规模深远海养殖的标准化流程服务，本质上就是一种大规模工业化思想的体现：第一，在每个基地设置1～2个大规模的饲料储供中心，智能化喂料船到储供中心取饲料。第二，系统采用的智能化喂料船是一种具有自动投喂功能、卫星导航自动循迹功能、海上动力定位功能，并且可以选择采用机械输送方式或者空气输送方式实现全自动饲料投喂的专用船舶。第三，“供料-投饵”管理系统是一种智能投喂管理系统，用物联网系统管理投喂指令，由喂料船上的计算机系统执行指令，完全可以做到精准投喂。对于一个大规模养殖基地，饲料投喂服务系统提供的是一种高品质、高效率和低成本的标准化服务。无论采用哪种养殖生产的组织体系，通过购买服务的形式，这个系统都可以提供无差别的专业化服务。

3. 信息化管理

大规模深远海养殖是在一个海上固定的场所内进行养殖生产，加上有遮掩水域的条件，就能够方便地建立大规模的数据监测和信息管理系统，形成大数据的环境，并建立起大数据平台：有了这种大规模的固定水域，就有了进行长期系统监测和研究的工作条件；大规模养殖还能够提供大量丰富的样本条件，可以方便地开展各种专业性、目的性的监测和研究；进行大规模养殖还提出了组织专门的团队开展长期监测和研究的需求和必要；相应地就需要建立起较为完善的系统设施，形成一套能够进行长期正规化监测研究的基础设施。

团队研究规划的这种大规模深远海养殖基地，设置了一个现代化大规模的海上生活社区，社区的面积达到 2 万 m^2。

海上防护基础设施上的风电厂，可以提供充足的绿色能源。这就为将来在海上的养殖基地建立高水准的监控信息管理中心创造了条件。考虑这种信息的重要性和价值，未来还需要在陆上的专用港区建立一个具有同样功能的副中心，作为一个备份。沿着养殖基地的一周有10多km的海上防护基础设施，平均的高程达到+10 m左右，交通便捷，可以作为建设各种通信基站、布设各种网络和建立各种永久监测设施的基础设施。在海面的部分分布有50～60个、单个投影面积达到7万m^2的海上养殖单元，每个单元有10～12个大型深水网箱，它们是一种被锚固在海床上的大型漂浮结构。利用这些养殖单元可以很方便地建立起各种覆盖养殖全域的系统设施。海面上的监测设施可以就地采用太阳能，通信采用无线通信的方式。海上高盐、高湿，在南方地区还存在高温的环境，属于一种腐蚀性很强的恶劣的环境。未来大规模地布设基站、网络和监测设施，需要高度关注系统设施的耐候性、耐久性和可靠性，需要进行专门的产品开发和特殊设计。以上基于物联网、大数据、智能分析模型，建立的系统是一种为大规模深远海养殖提供直接信息服务的数字化应用技术平台。具体来讲：第一，结合物联网等技术实现全覆盖的智能化深远海养殖监控管理；第二，建立全域数据感知采集平台，并在此基础上形成系统的深远海养殖数据库；第三，利用大规模养殖环境参数，结合大数据等技术，建立一个功能齐全的智能数据分析系统。将以上的系统设施进行整合和概括，就构成了一个可以称之为以“一网”、“一库”、“一中心”为主体框架的大规模深远海养殖信息化管理，未来能够进一步实现智能化管理的“大脑”和“中枢”的完整的信息化管理系统。

团队分析未来大规模深远海养殖的环境、养殖、维护三个方面的需求，构建了养殖环境监控系统、智能投喂管理系统和养殖设施监控管理系统。

（1）养殖环境监控系统是对大规模深远海养殖的环境影响要素进行监测管理。环境监测要素包括养殖区域气象、水质、海流、温盐等海洋数据，监测与海洋生物生产力和养殖相关的浮游动植物、自养细菌、微生物、生命基础元素以及水质富营养化信息。利用大数据等技术对海量数据进行特性提取、分类、处理，构建分析与预测模型，做到能够智慧地提供鱼群健康的预警信息、鱼群病害的预防信息、养殖环境维护的决策信息。

（2）智能投喂管理系统是对大规模深远海养殖饵料精准投喂进行监测管理。要以鱼的生长效率为主线开展监测和研究。可以基于大规模深远海养殖的稳定环境要素信息的采集条件，以及大量丰富的样本条件，大规模地开展与鱼的生长和摄食相关的单影响因素、组合影响因素等的监测和研究，以获取大量的包括鱼群生长参数、鱼群摄食以及反映鱼群摄食规律的相关参数等。设置比如鱼的生长速度最快、饲料量最少、残饵率最低、经济性最好等多目标优化模型，建立起各种相关性，构建一个以单个网箱为基础单位的大规模深远海养殖鱼群摄食的数据库，结合大数据等先进技术，形成模型和数据分析系统，近似拟合出鱼群生长-饲料投喂-环境因素之间的关系，生成各种鱼群的生长优化曲线，最终实现精确计划投喂方案和实现精准精细的投喂管理。

（3）养殖设施监控管理系统是对大规模深远海养殖设施的使用和运行状态进行监测管理。设施监测要素包括网衣清洁、模块化组合网箱的连接、锚固系统、网箱等。采用固定监测、抽样监测、随机监测、物理性监测等组合的监测方法，结合物联网、大数据等先进技术，建立运维数据库和分析模型，实现智能化指导制定预防性维养计划，防止养殖系统的损毁、网箱损毁、鱼类逃逸、监测系统失效等各种养殖意外。

除此之外，通过养殖信息管理系统，还可以为养殖科研、种苗研究、饲料开发研究、养殖生态研究提供数据和信息服务。这个系统可以将科技服务延伸到养殖生产管理链的最末端，来创造经济效益。做一个保守的预测分析，整体上能创造3%～5%左右的直接经济效益。

大规模深远海养殖模式的三个特色

大规模深远海养殖模式的三个特色：一是采用绿色能源；二是建设一个海上漂浮工厂；三是建设现代化的海上生活社区。

（1）利用防护设施的大圆筒做海上风电基础，建设3万～5万kW的海上风电厂，海上养殖基地全部采用绿色能源，实现零碳排放。

（2）面对一个年产90万～100万t的大规模深远海养殖基地，意味着每天都要处理3000 t左右的新鲜鱼产品。大量的鱼产品如何保鲜、如何销售，将是一个涉及消费理念、消费习惯，鱼产品的加工、保鲜、销售和物流的复杂系统，是发展大规模深远海养殖的最后一公里的“卡脖子”问题。利用遮掩的水域条件，建设一个2万～3万m^2大规模的海上漂浮工厂，在养殖现场形成鱼产品的初级加工能力和冷冻储藏能力，有利于打通最后一公里的“卡脖子”问题。

（3）利用防护设施的大圆筒做基础，建设一个高标准、现代化的海上生活社区，为工作人员创造舒适的海上生活环境，彻底颠覆海上养殖艰苦生活的观念。

大规模深远海养殖模式的两个区别

1. 与养殖工船、养殖平台的区别

大规模深远海养殖模式有别于养殖工船、养殖平台等现有的深远海养殖方式。近年来养殖工船和养殖平台发展得很快，养殖规模越来越大，抗风浪能力增强、灾害性海况抵御能力有突破；养殖水体趋于大型化、养殖能力增强；自动化和智能化养殖技术得到提高；成本有所降低、经济

性有改善。大规模深远海养殖与它们是两类不同的养殖方式：第一，工船和平台是一种单机系统，属于一种单一系统的生产方式，资源配套是专属性的；而大规模深远海养殖模式是一个复杂的巨系统，属于一种大规模的生产方式，可以实现资源共享。第二，工船和平台是独立地在外海进行养殖生产，需要配置有各种专业的综合性团队，常常面临“单兵作战”的情况；而大规模深远海养殖模式是有固定基地的正规化的生产，能够建立规范的组织管理系统，形成专业性的团队，实现“集体作战”。第三，工船和平台能够实现智能化管控；而大规模深远海养殖模式不仅能够做到管控智能化，还可以建立大数据平台，获取对创新研发养殖技术和优化养殖生产有价值的系统化的信息，能够更好地推动养殖产业发展和养殖技术进步。第四，相较而言，在工船和平台的养殖环境下，装备、人员以及鱼类仍然存在随机风险；而在大规模深远海养殖模式的环境下，上述风险都可以得到控制和防范。第五，大规模深远海养殖模式带来的效益是一种质的飞跃，只要建设一个大规模深远海养殖基地，就能让我国的深远海养殖产量跃居世界前列，改变我国深远海养殖发展的整体态势。除此之外，大规模深远海养殖模式特有的安全稳定的环境和规模化效应，可以实现稳产高产、养殖成本优化，并有利于安全生产。但是，发展大规模深远海养殖模式，需要有完善配套的产业链的支持，需要有强大的研发系统做支撑，还需要有健全的政策体系保驾护航。

2. 与传统养殖方式的区别

大规模深远海养殖模式有别于传统方式，对于传统养殖方式将是一种颠覆。目前传统的海上养殖是一种养殖方式高度分散，劳动高度密集、机械化程度低，效率不高的产业。2017 年全国深水养殖产量大约为 10 万 t，养殖水体仅为 1200 万 m^3，有 14 000 个深水网箱分散在超过 1 万 km 的中国沿海，目前的资料显示，总体情况并没有明显改善[29]。而大规模深远海养殖是大工业思想的养殖方式，一个十几平方千米的养殖基地的养殖水体就能达到 6400 万 m^3。我们在湛江调研时与养殖工人进行了交流，据他们介绍：现在的海上养殖第一是安全风险大，因为鱼每天都要喂食，常年都要在风浪条件下工作；第二是劳动强度很大，海上喂料和网箱日常维护都要靠人力；第三是生活条件特别艰苦，几十个人住一条船，非常拥挤，日晒雨淋，淡水也不宽裕。年龄稍大的、身体不够强壮的都做不了养殖工作，海上养殖也是后继无人。而大规模深远海养殖模式是知识、资本密集的产业，需要的员工是知识型员工。湛江当地一家养殖企业，属于国内比较好的养殖企业，在海上大约用 30 人管理近 30 万 m^3 水体的网箱，每年生产 0.45 万 t 鱼。而将来采用了大规模深远海养殖模式，30 人大约可以管理 2000 万～3000 万 m^3 水体的网箱，每年能够生产 30 万～45 万 t 鱼。这种养殖方式所释放出来的生产力、所带来的效率的改变将是一种革命性的变革。

第四章 >>

大规模深远海养殖模式的经济性

基础设施对比情况

如果将大规模深远海养殖基地的海上防护基础设施作为一种公共设施，我们可以做一个比较：①与高速公路比较：一条大型高速公路的投资大约需要 100 亿元，年收费不到 30 亿元，收费期一般为 25～30 年。②与采油平台比较：近期我国在南海建设的一个海上采油平台，总投资大约 200 亿元，每年的油气产值不到 40 亿元，寿命约 20 年，整个生命期大约能创造 800 亿元的产值。③与港珠澳大桥比较：港珠澳大桥总投资 1260 亿元，其中 300 亿元的银行贷款由 30 年期特许经营收费偿还，未来正常年收费能达到 50 亿元。

我们具体看一下海上防护基础设施的投资与收益：根据表 4.1，建设一个大规模海上养殖基地的防护设施的投资大约 76.8 亿元，养殖鱼的年产量能达到 96 万 t，年产值能达到193亿元。按照100年的生命期计算，理论上可以为国家养殖9600万t鱼，创造19 300亿元的养殖产值。与前面所列的基础设施相比，维护成本很低，未来还可以拆除，恢复海域的自然状态。

指标分析情况

（1）单个基地的主要经济参数见表4.1。表中所列的参数是根据表3.1平均计算得出。产值计算按照粮农组织2018年世界渔场交货价和当年平均汇率折算，单价为20.1元/kg。海上防护基础设施的投资与工程地质和工程条件有关，但对表4.1所列的参数不会产生颠覆性影响（见表4.4）。

表4.1　单个基地主要经济参数

海上养殖基地平均面积/km^2	网箱数/组	养殖水体/万m^3	鱼的产量/(万t/a)	养殖产值/(亿元/a)	设施投资规模/亿元
12.8	45	6400	96.0	193.0	76.8

（2）单个基地的平均经济指标见表4.2。单个基地海上养殖的工作人员和管理人员的总人数为120～180人，表中按照150人计算。

表4.2　单个基地平均经济指标

万m^3养殖水体产量/t	万m^3养殖水体产值/万元	人均养殖产量/(万t/a)	人均养殖产值/(亿元/a)	亿元设施投资养殖产量/万t	亿元设施投资养殖产值/万t	万m^3养殖水体设施投资/万元
150	301.6	0.64	1.287	1.25	2.513	120

（3）单个基地的成本指标见表4.3。计算方法在表头括弧内有具体的说明。其中固定资产折旧项仅计算所需养殖装备的投资总额；还本付息项以海上防护基础设施的总投资作为计算基数；饲料成本项按照单个基地鱼的总产量96.0万t的1∶1计算饲料的消耗，单价饲料按照5000元/t进行计算。

表4.3 单个基地成本指标 （单位：亿元/a）

固定资产折旧（固定资产总值40亿，十年折旧）	工资总额（150人，人均年薪40万）	运营费（总产值的4%）	管理费（总产值的2%）	饲料成本（按照总产量5000元/t）	还本付息（贷款期限20年，利息3%）	成本合计
4	0.6	7.72	3.86	48	5.1	69.28

（4）单个基地的（高）成本指标见表4.4。计算方法依照表4.3，仅对其中的固定资产折旧、工资总额、还本付息三项，按照表4.3相应的指标乘以1.5倍进行计算，合计高成本为74.13亿元/年，比表4.3仅增加了7%，说明了固定资产、工资总额、基础设施的投资即便增加50%，对于总成本的影响并不明显。

表4.4 单个基地（高）成本指标 （单位：亿元/a）

固定资产折旧（固定资产总值40亿，十年折旧）	工资总额（150人，人均年薪40万）	运营费（总产值的4%）	管理费（总产值的2%）	饲料成本（按照总产量5000元/t）	还本付息（贷款期限20年，利息3%）	成本合计
6	0.9	7.72	3.86	48	7.65	74.13

注：单个基地（高）成本指标的固定资产折旧、工资总额、还本付息按照表4.3的1.5倍计算。

（5）每吨鱼经济指标见表4.5。计算方法用表4.1的年产量 96.0 万 t 逐一地除以表 4.3 中对应的项目，便可以得到表 4.5 所列的相应指标。

表 4.5　一年每吨鱼的经济指标　　（单位：元/t）

固定资产折旧	工资总额	运营管理费	饲料成本	还本付息	成本合计
417	63	1206	5000	531	7217

养殖产品组合优化经济效益

在海上有遮掩的水域环境里进行养殖，消除了养殖的安全风险，没有后顾之忧。所以，可以通过养殖短平快的鱼产品，实现现金流；通过养殖长周期，甚至是三五年的高附加值的鱼产品，实现高收益和经济性；利用大规模安全养殖的条件，就可以采用不同组合产品养殖的方式，实现经济效益和经济效果的最优化。

结论

（1）经济指标参数突出：作为一种基础设施投资规模 76.8 亿元，养殖产量 96.0 万 t/a，养殖产值 193.0 亿元/a，与其他基础设施相比，投资规模相当、投资收益高、经济收益好、维护成本低。

（2）规模效应极其显著：单个基地平均养殖水体达

到 6400 万 m^3，万 m^3 养殖水体设施投资 120 万元，按照 20 年还本付息每公斤鱼仅需 0.53 元。

（3）大规模生产方式带来生产效率的巨大改变：从理论上，人均养殖产量高达 0.64 万 t/a，产值高达 1.287 亿元/a，养殖每吨鱼的工资仅 63 元；单个基地成本 69.28 亿元/a，高指标也仅为 74.13 亿元/a，渔场销售额达到 193 亿元/a，成本与销售额之比仅为 35.9%。

第五章 >>

大规模深远海养殖模式的生态影响

深水网箱的空间很大，鱼儿每天都生活在有新鲜海水的网箱里面。透过网眼新鲜的海水还会携带着一些天然的藻类、浮游动物等海洋能量，成为养殖鱼类天然的营养补充。海上防护基础设施有良好的透水和透浪功能，养殖基地里的风浪常年都处于一种平稳的状态。一年当中除了碰到台风正面袭击的特殊情况，鱼儿每天都可以按时按量地得到食物，也不需要为了应付异常风浪的天气额外地消耗能量，生长的速度会更快。在这样一种环境里面，网箱设施变得更安全，可以更好地防止养殖鱼类的逃逸，避免产生污染野生鱼类种群的生态问题；也可以采用一种更加柔性的网衣材料，让养殖的鱼不会受到意外损伤。但是问题都有两面性。这种环境里面鱼的运动量不大，所以饵料的配置可能需要进行专门的研究，如何让养殖的鱼在长得快的同时，也能长得更加健康。

养殖基地：用智能化“大脑”来管理养殖，能够将残饵量降到很低的水平。但是，因为我们是进行大规模的养殖，一个基地每年仍然会产生超过 5 万 t 的残饵。另外，一个基地一年养殖鱼的排粪量会达到 25 万～30 万 t[6]。鱼的排泄物主要是未被吸收的营养物质。蛋白质、脂肪、碳水化合物的占比超过 80%，而灰分只占不到 20%[30]。对于一个十几平方千米的海域，如果没有良好的海水交换条件，这些残饵和排泄物将会导致严重的海水富营养化。养殖区域每天都能够保持水体交换，具有良好的海水交换条件，海水富营养化的物质很快就能被稀释和扩散掉。有了这样一种条件，事物就发生了转化。养殖的残饵和排泄物就不会成为导致富营养化的因素，而是变成了野生鱼类的食物和一些初级海洋生物的营养物质，成为改善养殖区域附近海域海洋生产力的一个有利因素，能够起到提高整个区域海洋生物多样性和野生鱼群数量的作用。

底栖生物：一个养殖基地有近 50 个养殖单元。每个养殖单元有 10～12 个大型深水网箱，一个养殖单元一年形成的残饵和排泄物总量大约为 6000 t。网箱底部海床每年每平方米累计的残饵和排泄物总量大约不到 30 kg，累计厚度不到 2 cm。因为网箱的阻水压缩了海流空间，在海床和网箱之间能形成比较好的水体交换条件，进而能更有效地防止在海床面局部区域产生海水富营养化的现象。海床面上的饵料和排泄物一部分成了底栖生物的食物，另一部分成了初级海洋生物的营养物质，这样就形成了一种对底栖生物生长较为有利的生态环境，能建立起一种平衡的生态。

网衣：在海水中养殖网衣很容易滋生污损生物，污损生物大量滋生对养殖造成的直接影响是阻塞网眼，影响网箱内部的水质环境。我们建立的这种大规模深远海养殖基地，是一个有着良好水体交换条件，有利于抑制污损生物生长的环境。这样一种环境不仅有利于网箱内水体交换，还能减少网衣的清洁工作，有利于延长网箱设施的使用寿命。

鱼礁：一个养殖基地的周围有近 400 个直径 30 m 的大圆筒。单个圆筒在水中的表面积达到 2800 m^2，每一个大圆筒都是一个大型的人工鱼礁。圆筒之间的间隔形成的海流极为丰富多样，构成了一种能够吸引野生鱼类聚集、有利于海洋生物生长的生态环境。

综合来看，人类努力地发展深远海养殖，让人类能够利用近岸海流和洋流的循环体系，获得广阔的海洋生态资源。我们创造的海上防护基础设施，一方面能够隔离灾害性海况，让我们拥有了开展大规模深远海养殖的安全环境，另一方面还能实现良好的水体交换，为我们提供了开展大规模深远海养殖的生态条件。因此，事物就发生了转化。大规模养殖可能造成的一些不利环境因素，就转变成了改善养殖生态的有利因素。

再一个需要说明的问题是，对于海洋人工饲喂的这种养殖方式，它是属于碳源还是碳汇，学术界存在不同的观点。但是大规模深远海养殖的模式与其他方式相比有以下优势：第一，海上养殖生产能够采用清洁能源；第二，通过智能化管理技术可以优化降低饲料消耗；第三，能提高鱼的生长速度；第四，饲料科技还有着巨大的探索空间。因此，对于海洋养殖的碳生态还有待于专业科学家们进行综合性的评估。

第六章 >>

如何发展大规模深远海养殖

发展大规模深远海养殖的社会经济价值

汕头市南澳县是广东省唯一的海岛县，陆地面积仅114 km^2，但海域面积达到4600 km^2，2021年末常住人口6.46万人，2021年的生产总值30多亿元，人均生产总值5.4万元。我们与南澳县的政府、部门、养殖企业进行座谈交流，感觉到这个县从上到下都非常希望能够发展深远海养殖产业。南澳岛地处台湾海峡南出口，拥有得天独厚的开展深远海养殖的海域资源，具有从事海上养殖捕捞的传统，是国家级沿海渔港经济区。如果在南澳岛建设一个大型的深远海养殖基地，会有什么样的结果呢？我们仅以养殖、营销、旅游三个部分构建一个产业链，就可以给南澳岛带来不少于500亿元的生产总值，南澳岛的人均生产总值可以达到77万元。

在广东阳江市调研的时候，有一个养殖企业希望我为该市的南鹏岛做一个方案的策划。南鹏岛距离大陆 22 km，面积只有 1.2 km^2，历史上最兴旺的时候岛上工作居住人口超过 1 万人。早些年一直是一个荒废的海岛，近几年地方政府在岛上进行了一些旅游开发。这个岛的自然地形能够对我国南海的强风浪形成一种遮蔽。在岛的东北方向有一个天然海湾，海湾外侧的水深达到 20 多 m，非常适合于深远海养殖。我们考虑的方案（见附录三）是建设 4～5 km 的海上防护设施，来延续岛的遮蔽，在海上形成 4 km^2 左右有遮掩的水域。我们为这个水域设置了两大功能：第一个功能是成为在世界上都非常独特的一个大型的外海游艇港湾，并在岛上进行主题性的旅游设施配套；第二个功能是形成 800 万～1000 万 m^3 的养殖水体，每年生产 12 万～15 万 t 鱼，每年可以创造 30 亿元左右的养殖产值，让深远海养殖成为南鹏岛发展的经济支柱。海洋是一个巨大的宝藏。人类只要稍做一点投资，一个曾经废弃的不大的海岛就有可能变成为一个具有相当经济规模和集旅游、养殖产业一体的优良资产。

我国 2020 年海上养殖总产量为 1262 万 t，2021 年为 1316 万 t，增长了 4.28%。我们只要建设一个大规模深远海养殖基地，就能够让海上养殖产量增长 7.3%，保持住我国海上养殖产业的增长态势，并能使得我国深远海养殖的规模一举实现世界领先。如果未来能够在我国发展这种大规模深远海养殖模式，只要投入 140 km^2 的海域资源，用来建设养殖基地，就能够实现我国海上养殖事业的规模翻番、品质提升、发展模式创新，为发展蓝色经济提供一种新的示范，为粮食安全战略做出重大贡献。

如何发展大规模深远海养殖

如何发展大规模深远海养殖，提出四个方面的建议：

（1）将发展大规模深远海养殖上升为一种国家战略。与国家海洋经济发展的整体计划、海洋牧场的发展规划进行整合，实现协同发展。

（2）在获得国家支持的前提下，要创造条件抓紧建设一个示范工程。通过工程示范，让大家看到实效，形成共识，共同行动，以便更好地抓住发展机遇。

（3）最重要的问题是采用何种建设发展模式。大规模深远海养殖的投资要分为两个部分：一部分是海上防护基础设施，投资规模很大，对我国养殖行业甚至整个农业系统来讲前所未有，是投资理念的一种突破。它是开展深远海养殖的基础设施，应按照大型基础设施的投资建设方法进行建设管理。另一部分是养殖设施的投资，这部分的投资与传统的养殖方式包括目前采用的深水养殖平台、深水养殖网箱的投资相比有以下特点：第一是投资规模大，第二是资金强度大，第三是与养殖的组织方式密切关联，第四是何时投、投多少与陆上支持配套能力紧密相关。养殖企业应作为养殖设施投资的主体，承担投资责任，但是需要地方政府进行统筹协调。总体上，大规模深远海养殖的投资收益好、投资回报高、投资回收快，所以地方政府应该在多种可能的投资建设方式中，通过好中选优，选择一种能够高效率建设的投资方式，以加快发展我国深远海养殖。

（4）创新理论的研究告诉我们，任何一项创新都有两面性。所以发展大规模深远海养殖模式就我国的现实情况而言，可能会存在以下几个问题：第一会存在高效率的养殖方式和传统的养殖方式长期并存造成的矛盾。尤其是大规模的方式获得一定规模的发展以后，就有可能因为养殖成本、近岸生态、产品品质等原因，使得这一矛盾激化。第二事物都是向前发展的，高效率高产出最终必定会逐步地取代低效率低产出。2021 年我国渔业从业人员达到 1634 万，渔民有 517 万，是一个庞大的产业。[18]发展大规模深远海养殖这种比较极端的高效率的生产方式，在可以预见的未来，一定会打破现有产业生态的平衡，造成转产、转行和重组等一系列的社会问题。第三大规模深远海养殖发展到一定的规模后，如果简单地由市场导向生产，就会产生类似农产品生产过剩的问题，造成对海产品正常的价格体系、市场体系的冲击，导致整体生产系统失衡。因此，国家和政府部门宜尽早从政策法规上，为大规模深远海养殖规划一个规范发展的良好环境。

最后做一个总结。以上对大规模深远海养殖模式已经尽量地做了系统性的探讨和概括，但仍然有很多问题：比如东方人有对生猛海鲜的偏爱和习惯，面对前所未有的大量的、集中的鱼产品，需要改变的可能是我们的偏爱和习惯；在未来大规模的鱼产品加工过程中，能否对大量的鱼骨、鱼内脏实现系统回收，让它们成为鱼粉生产的一种重要资源；能否多培育一些适合我国海域特点的大体形鱼类，实现自动化的流水线加工，生产出无骨无垃圾的新鲜鱼产品，成为方便百姓烹制的家常食品；还有一个很重要的问题，我们发展了大规模深远海养殖，获得了大量的优质蛋白，能否建立一个机制，让优质蛋白能够提供给下一代，改变他们的体质，提高整个民族的素质。发展大规模深远海养殖是一个功在当代、利在千秋的事业，也是一个需要地方政府、企业共同担当和做出贡献的伟大事业。

参考文献>>

[1] Department of Economic and Social Affairs，Population Division. World Population Prospects 2022：Summary of Results[R]. New York：United Nations，2022.

[2] FAO. Fisheries and Aquaculture Statistics. Global Aquaculture and Fisheries Production 1950—2020（FishStatJ）[R]. Rome：FAO Fisheries and Aquaculture Department，2022.

[3] FAO. The State of the World's Land and Water Resources for Food and Agriculture：Systems at breaking point. Main report[R]. Rome：FAO，2022.

[4] 熊本海，赵一广，罗清尧，等. 中国饲料营养大数据分析平台研制[J]. 智慧农业（中英文），2022，4（2）：110-120.

[5] Alltech. Agri-Food Outlook 2022[EB/OL]. https://www.alltech.com/agri-food-outlook.

[6] Saba G K，Burd A B，Dunne J P，et al. Toward a better understanding of fish-based contribution to ocean carbon flux[J]. Limnology and Oceanography，2021，66（5）：1639-1664.

[7] FAO. 2022 The State of World Fisheries and Aquaculture：Towards Blue Transformation[R]. Rome：FAO.

[8] 张继红，刘纪化，张永雨，等. 海水养殖践行"海洋负排放"的途径[J]. 中国科学院院刊，2021，36（3）：7.

[9] FAO 专栏，全球海洋捕捞渔业与可持续发展[EB/OL].（2022-04-16）. https://www.thepaper.cn/newsDetail_forward_17637150.

[10] 徐琰斐，徐皓，刘晃，等. 中国深远海养殖发展方式研究[J]. 渔业现代化，2021（1）：9-15.
[11] 叶婷，张海，张天义，等. 深海养殖存在的问题及对策研究[J]. 农业技术与装备，2020，371（11）：138-139.
[12] 农业部渔业渔政管理局. 2016 中国渔业年鉴[M]. 北京：中国农业出版社，2016.
[13] 农业农村部渔业渔政管理局. 2022 中国渔业年鉴[M]. 北京：中国农业出版社，2022.
[14] 徐皓，刘晃，徐琰斐. 我国深远海养殖发展现状与展望[J]. 中国水产，2021（6）：4.
[15] Christakos K，Bjorkqvist J V，Breivik Ø，et al. The impact of surface currents on the wave climate in narrow fjords[J]. Ocean Modelling，2021（168）.
[16] Dominik J F. Economic Decision Making in Salmon Aquaculture[D]. Bergen：Norwegian School of Economics，2019.
[17] 农业农村部渔业渔政管理局. 2021 中国渔业年鉴[M]. 北京：中国农业出版社，2021.
[18] 徐杰，韩立民，张莹. 我国深远海养殖的产业特征及其政策支持[J]. 中国渔业经济，2020，1（39）：98-107.
[19] 董双林. 多维视角下的新时代水产养殖业发展[J]. 水产学报，2019，43（1）：105-115.
[20] 李大海，韩立民. 青岛市海洋战略性新兴产业发展研究[J]. 海洋开发与管理，2016，33（11）：18-22.
[21] 叶婷，张海，张天义，等. 深海养殖存在的问题及对策研究[J]. 农业技术与装备，2020，371（11）：138-139.
[22] 董双林. 论我国水产养殖业生态集约化发展[J]. 中国渔业经济，2015，33（5）：4-9.
[23] 侯海燕，鞠晓晖，陈雨生. 国外深海网箱养殖业发展动态及其对中国的启示[J]. 世界农业，2017（5）：5.
[24] 朱玉东，鞠晓晖，陈雨生. 我国深海网箱养殖现状，问题与对策[J]. 中国渔业经济，2017，35（2）：7.

[25] 中国气象数据网[OL]. http://data.cma.cn/.

[26] 隋广军，唐丹玲，等. 台风灾害评估与应急管理[M]. 北京：科学出版社，2015.

[27] 吴祖立，崔雪森，张胜茂，等. 南海台风活动特征及其对渔业活动的影响[J]. 海洋渔业，2018，40（5）：12.

[28] 江浙等地渔业生产受台风影响有多大？农业农村部回应[EB/OL].（2021-07-30）. https://baijiahao.baidu.com/s?id=1706688855872862813&wfr=spider&for=pc.

[29] 农业农村部渔业渔政管理局. 2018 中国渔业年鉴[M]. 北京：中国农业出版社，2019.

[30] 蔡继晗，李凯，郑向勇，等. 水产养殖对环境的影响及其防治对策分析[J]. 水产养殖，2010，31（5）：32-38.

中交集团漂浮技术研发团队

漂浮技术研发团队：组建于2016年下半年，组建之初主要研究悬浮隧道技术，形成了我国第一部《悬浮隧道工程技术研究导论》。后来团队逐步地转向我国大陆架漂浮工程技术研究，他们努力地尝试着去开创我国大陆架漂浮工程技术新的领域。基于一种创新的我国大陆架的近海工程安全防灾技术，提出了适应于我国大陆架条件的超大型浮体技术、大规模深远海储油技术、大规模深远海养殖技术等一系列应用技术。他们为传统海工工程技术实现跨领域服务做出了一系列贡献。比如2022年初，中交集团提出了针对海南岛三亚机场采用一种漂浮方案的课题研究。中交集团在系统内组织6家单位进行平行论证，最终由这个漂浮技术研究团队首次提出了一个基于海洋防灾安全理念的大型海上漂浮机场的建设方案。团队还根据我国南海极端的灾害性海况，成功地论证并创新了一种基于海上防护基础设施技术建设大规模深远海养殖基地的工程构想（见附图1《大规模深远海养殖基地总体概念设计图》）。

团队的主要成员有：林巍（项目负责人）、刘凌锋（专业负责人）、邹威（专业负责人）。

林巍，1986年生，江苏兴化人。从事沉管隧道设计与漂浮结构研究工作。现任中交公路规划设计院漂浮结构研究室副主任，交通运输部水下隧道智能设计、建造与养护技术与装备研发中心执行副主任，墨尔本大学工程与信息学院在读博士生（墨尔本大学研究生奖学金）。2008年毕业于长沙理工大学隧道工程专业。2008～2009年参与港珠澳大桥工程可行性深化研究。2009～2010 年参与港珠澳大桥初步设计。2011～2018年参与港珠澳大桥岛隧工程施工图设计与施工配合，担任岛隧工程沉管隧道设计分项负责人，攻克了沉管施工图参数化设计、曲线管节节段模数与钢筋优化和水下拉合对接机理研究与轨迹预测、最终接头临时水密设计等技术难题。2018年作为项目代表赴伦敦参加全球竣工项目竞争演讲答辩，港珠澳大桥岛隧工程获英国土木工程师协会NCE年度工程奖。2018～2021年参与中交集团重大课题悬浮隧道工程技术研究，任结构与设计方法研究攻关组组长。2021～2022年任中交集团漂浮机场项目负责人。获国家优秀专利1项，省部级科学技术奖特等奖1次、一等奖2次，优秀设计奖一等奖2次。2022年获中国航海青年科技奖。

主要履历一览：2008～2009年福建同安山岭隧道现场

踏勘。2009～2010 年参与海底隧道沉管法与盾构法概念设计方案比选；参与海底隧道概念设计包括横断面、通风、排水和消防系统；考虑港珠澳大桥建设环境影响珠江口阻水率计算。2020～2012 年参与沉管隧道岛头段护坦特殊设计，负责联系子课题船舶桩基概率风险评估（上海船舶运输科学研究所承担）；参与沉管隧道回填防护设计，估算影响因素包括落锚、拖锚、波流和船桨作用下回填块体单体防冲刷稳定性等；通过 VBA 编程精确计算不规则地形条件下沉管隧道单级、多级边坡疏浚量；通过 Excel VBA 编程实现群桩承载力、沉降和桩身强度的快速计算，指导桩长、直径和壁厚的设计。2012～2015 年，沉管重量平衡设计，预测 33 个管节每个管节在施工和运营期的干舷、压载、沉放后抗浮安全系数，经干舷测量反演重量计算精确度不超过 0.6%；沉管 E28～E33 曲线段设计，对混凝土结构进行详细计算，基于计算结果相应绘制配筋图，结合现场走访，优化钢筋布置，较初步设计每个管节节省约 800 吨钢筋用量。2015～2016 年赴爱丁堡大学与格拉斯哥大学，发表学位论文《沉管隧道与悬浮隧道的设计》。2016～2017 年沉管最终接头吊装与沉管龙口中对接姿态分析；设计“记忆支座”结合金属切削试验（港珠澳大桥岛隧中心实验室、振华重工实验室）降低沉管大接头受力集中风险并得以安装；通过 Matlab 编程预测曲线管节水下随时垫层上头部拉合运动轨迹；细化最终接头临时水密系统设计（与特瑞堡公司合作）；钢混三明治结构设计计算文件复核。2017～

2018 年港珠澳大桥岛隧工程技术总结。2018～2019 年设计悬浮隧道水池 1∶50/1∶100 缩尺模型结构行为机理试验，提出模型制备、缆绳布置、弹簧刚度、姿态测量、缆绳初张力、缆力控制等具体要求，参数试验准备工作；提出 1∶157.5 缩尺悬浮隧道管段真实刚度水槽试验；中国、挪威、荷兰悬浮隧道工程技术研究交流。2019～2021 年悬浮隧道结构与设计方法研究，带领 15 人团队研究攻关，出版著作 3 本、国内首个悬浮隧道工程技术研究论文专辑（《中国港湾建设》），形成针对我国内陆湖喀纳斯湖锚拉式悬浮隧道概念设计方案，包括施工方法和结构构造与基本设计计算。2021 年至今中交漂浮机场项目研究项目负责人。

刘凌锋，1990 年生，福建省龙岩市人。2009 年，考入同济大学土木工程学院土木工程专业，本科学习期间多次获得同济大学优秀学生奖学金，并热衷于社会服务工作，曾被评为上海世博会优秀志愿者。2013 年，获评同济大学优秀毕业生，并免试保送至东南大学土木工程学院，就读于桥隧与地下工程系，师从龚维明教授。硕士三年期间，两度获得东南大学“三好研究生”荣誉称号，主要研究课题为水平循环荷载作用下 FRPC 组合桩基本特性研究，以室内模型试验为主要方法，重点研究 FRP 管与混凝土接触界面上的黏结滑移性能。2016 年至今，就职于中交公路规划设计院有限公司（简称“公规院”），先后在港珠澳大桥岛隧工程项目设计分部、公规院珠海澳门分公司设计一部、公规院工程技术研究中心漂浮结构研究室工作，并于2019年前往荷兰代尔夫特理工大学（TUDelft）土木工程与地质科学学院（Faculty of Civil Engineering and Geosciences）进行悬浮隧道工程技术研究相关的半年访学工作。入职以来，主要从事沉管隧道设计与漂浮结构研究工作，相关工程及科研业绩如下：

2016年7月至2020年9月，港珠澳大桥岛隧工程施工图设计、现场施工配合及工程量决算。①驻守工程一线，全程参与港珠澳沉管隧道可逆式主动止水最终接头方案比选、结构设计及施工配合工作，并担任最终接头主体结构设计计算分项负责人；②参与港珠澳岛隧工程相关技术总结及课题报奖工作，担任“深埋沉管隧道半刚性沉管结构体系研发与应用”及“可逆式主动止水最终接头研发与应用”两项课题报奖分项负责人；③作为主要参与人完成《港珠澳大桥岛隧工程创新技术》、《沉管隧道设计施工手册 设计篇》部分章节撰写及审校工作；④全程参与港珠澳大桥岛隧工程工程量决算与审计配合工作，担任沉管隧道主体结构、接头及舾装工程量计算分项负责人；⑤本阶段工作期间获得中国航海学会特等奖1项、中交集团年度专利奖1项及项目部表彰若干，获得发明专利4项，参与出版专著2本，发表论文5篇。

2017年10月至今，中交悬浮隧道工程技术研究。①从立项之初，全程参与中交集团重大科研课题悬浮隧道工程技术研究，并担任拉锚式悬浮隧道纵向结构静、动力数值方法计算分项负责人，对悬浮隧道纵向结构数值分析中结构阻尼、水阻尼、附加水质量系数等关键问题进行了系统分析研究；②参与悬浮隧道相关文献全球调研，协助收集关键、稀有文献，参与出版《悬浮隧道工程技术研究导论》；③作为主要技术骨干参与悬浮隧道结构与设计方法研究攻关，完成悬浮隧道多锚固方案综合分析与评价研究、纵向结构受力工程规律研究、横断面设计拟定方法及受力特征研究等重要工作；④作为核心力量参与弱水动力环境悬浮隧道实验工程设计，重点负责上下端缆、隧、锚连接结构设计，预制用多次周转端封门设计，安装用一次性端封门设计，以及临时压载和给排水系统设计等工作；⑤本阶段工作期间获得发明专利 3 项，参与出版专著 2 本，发表论文 6 篇。

2021 年初至今，中交集团漂浮工程前瞻性关键共性技术研究。①参与中交漂浮风电基础平台设计方法研究，系统调研国内外漂浮风电基础平台设计相关规范及文献，完成漂浮风电基础平台主尺度设计方法研究、系泊设计方法研究等工作，成功申报中交集团 2022 年度青年项目“漂浮式海上风电基础平台系泊设计计算软件开发”并担任项目负责人；②作为专业负责人参与中交集团漂浮机场项目及深水养殖工程基地项目概念方案研究，主攻外海消浪设施稳定性研究、超大型浮体结构变形计算研究、大型组合圆筒快速静力下沉方法及物模试验研究、深水养殖工程基地概念方案与图纸绘制等工作。

邹威，湖北仙桃人，研究生学历。2019年硕士研究生毕业于中国海洋大学水力学及河流动力学专业，现就职于中交公规院漂浮结构研究室。入职以来，主要从事悬浮隧道、漂浮风电等漂浮工程技术方面的研究工作，在国内外发表论文10余篇，主编、参与出版科技著作2部。相关工程及科研业绩如下：

2019年起作为中交悬浮隧道工程技术联合研究组成员，参与悬浮隧道工程技术研究工作至今，主要负责了海浪、内波、船行波等水动力荷载计算分析，以及结构动力响应、概念工程设计等工作。①完成悬浮隧道研究文献中波浪类型调研汇总，撰写《悬浮隧道工程技术研究导论》相关章节。②系统分析了波浪荷载与悬浮隧道纵向线形、过水断面形状等相关设计参数的内在联系，总结波浪荷载有关的计算系数表，可作为线形优化、截面选型参考。③基于港珠澳大桥岛隧工程沉管经验，结合调研阶段文献分析，团队提出了悬浮隧道管体横断面设计拟定方法。④对悬浮隧道车辆荷载响应分析与设计方法进行研究，分析了车辆质量、车辆刚度、行驶速度、车辆间距、悬浮隧道沿程锚固刚度对悬浮隧道动力响应的影响，提出车道偏载满布下扭转频率解析解计算公式，比选不同悬浮隧道断面抗扭性能。⑤与同事共同完成弱水动力条件下悬浮隧道实验工程概念设计，主要负责了悬浮隧道重力式锚定（混凝土沉箱）、悬浮隧道预制场前后端封门、装配式临时安装浮体、安装浮体与管体概念图纸。⑥参与编写《悬浮隧道工程技术研究》相关章节。

2021～2022 任中交集团漂浮机场项目专业负责人，开展漂浮机场相关课题研究。参与某项目漂浮机场整体方案设计，形成概念方案，目前正针对相关关键问题进行逐一突破，主要负责机场外围消浪结构的消浪能力、结构波浪荷载计算、整体稳定性风险、结构透水性及区域水体交换等方面的研究工作。

参与了海上风电基础研究，调研各类浮式风机文献及实际工程案例，整理几种典型浮式风机基础结构设计方法。目前研究主要集中在系泊系统设计方面，根据风机系泊特征进行了系泊计算程序开发。程序可以对多段链式、半张紧式、张紧式系泊线，以及带入土反悬链线段的悬链线进行静力分析。程序同时也适用于挂浮筒方案、挂重物系泊线方案分析，适用范围更广。系泊动力计算程序已完成频域部分，时域计算程序正在开发，将来可用于漂浮风机系泊设计分析工作。

附录二 >>

我经历的超强台风“天鸽”

2017 年 8 月，超强台风“天鸽”正面袭击了广东珠海，造成珠海经济损失 100 多亿元。当时正是港珠澳大桥建设的最后一年，也是我们岛隧工程的决战之年。“天鸽”登陆时的风力达到 16 级以上，实测风速超过 50 m/s。当时人工岛岛上建筑主体工程已经完成，正在进行幕墙安装和内部装修的工作，岛上的工人有 2400 多人。即便是在气象卫星、超级计算机、智能化分析模型的时代，像海洋台风这样的灾害性气象仍然具有不可预测性。“天鸽”预报的最大风力不到 10 级，是一个在我国南海形成的小台风，事先也没有要求人员从海岛上撤离，大家都没有特别重视。岛隧工程有一个专门的气象服务团队——国家海洋预报中心，那天半夜大概 3 点钟，国家海洋预报中心给我打来电话，告诉我这个台风的趋势不太对，可能要达到强台风的级别。到了凌晨 5 点多钟，他们又给我来电话，确定会达到强台风的级别。我随即就让同事跟珠海市防台部门联系，请求他们让我们上桥。协调到7点多钟，防台办才批准把通道打开，我带了6个同事开着一辆吉普车去人工岛。海上的灾害性气象海况所造成的破坏力往往远超出一般人的想象。车经过港珠澳大桥的桥梁段的时候，风力可能已经达到9级以上，我们看到桥上很多的设施、集装箱已经吹倒甚至吹到海里。9点多钟我们到了岛上，看到2400多人都在人工岛主体建筑的一楼、二楼防台。我当时的第一个指令是，将所有的人撤离到地下室。二楼有200多人，从二楼撤到地下室花了2个多小时。等我们的人全部撤完的时候，风力已经达到11级以上。近年来，海洋极端灾害性天气呈发展趋势，超强台风频发，破坏力及风险巨大。台风中心经过的时间不到1个小时。我在那段时间的感觉是“世界末日”，每一分、每一秒都很煎熬。那真正是一种人类任何努力都会不堪一击的场面。台风过后，岛上建筑的主结构、幕墙都经受住了考验。这里我想给大家介绍一个让我们感到很震惊的细节。当时因为有些幕墙还没装好，透过幕墙的风，居然能够把室内用作隔墙结构的槽钢和工字钢吹弯吹变形。事后所有的人都很庆幸，很多人说“老天爷”对我们很眷顾。如果晚一刻钟、半小时再撤人，很多人会撤不下去，会酿成大事故，后果不堪设想。

附录三 >>

南鹏岛深水养殖方案平面布置图

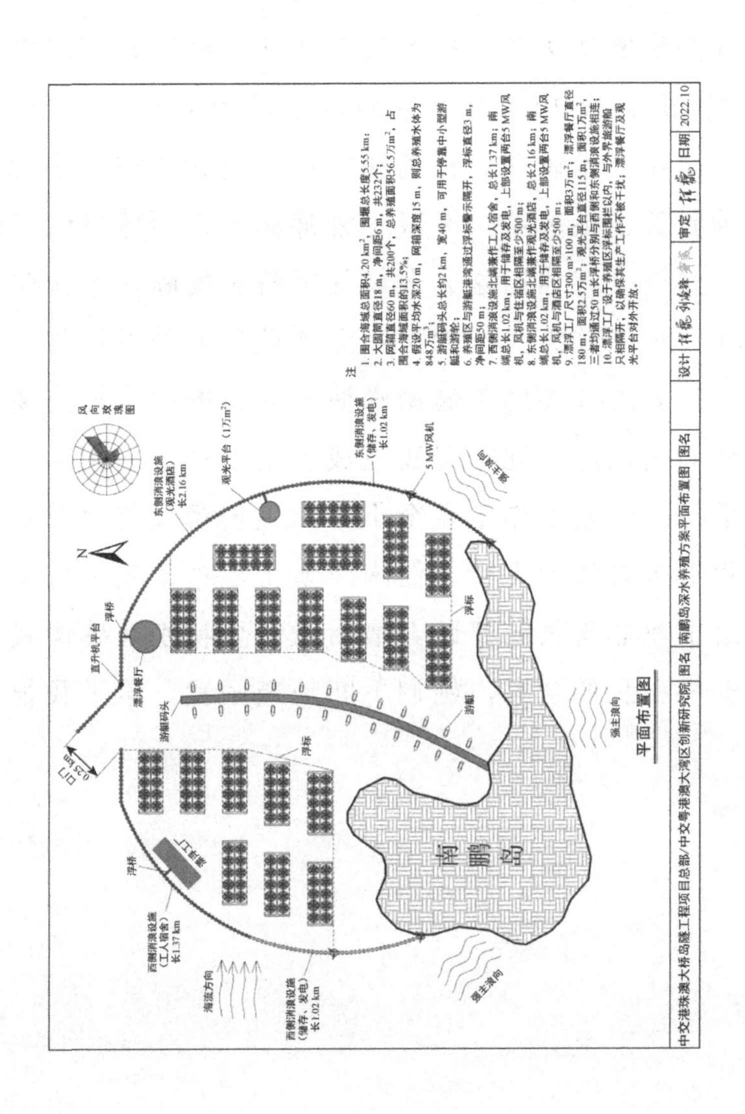

致　谢 >>

首先我要感谢漂浮技术研发团队的林巍、刘凌锋、邹威。林巍博士从 2009 年开始就为港珠澳大桥服务，结束后就进行漂浮技术研究一直到现在；刘凌锋工程师也为港珠澳大桥服务了很多年；邹威工程师毕业之后就来到了这个团队，如果没有他们这么多年的坚持和贡献，今天就不会有这样一种能够给我国的深远海养殖行业的发展带来希望的设想。其次我要感谢储南洋博士和我的同事陈立通、董政，他们夜以继日地陪着我完成了这本书，近两个月，我们几乎每天一起工作十多个小时，他们帮我整理书稿并给予了我很多具体的支持。储南洋博士还帮助我完成文献调研，给了我非常大的帮助。最后我还要特别地感谢我的太太胡玉梅和我的全家，她们不断地鼓励我，给了我很大的信心。

彩　　插>>

鸟瞰养殖基地

海上风电场

海上消浪设施

养殖平台

养殖单元

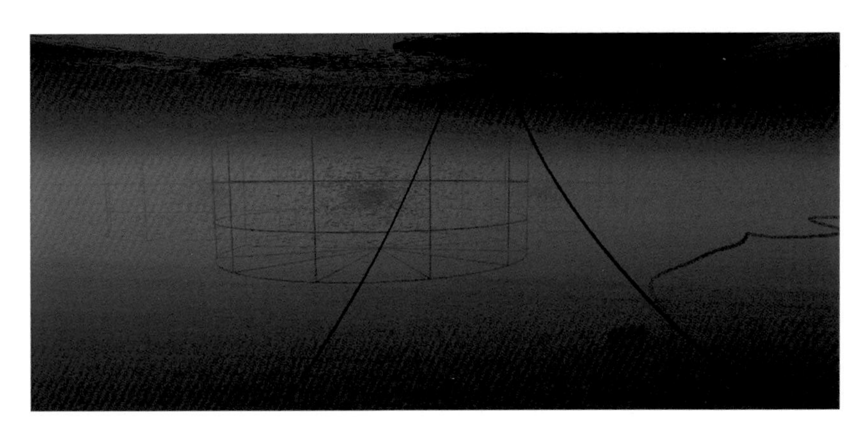

深水养殖网箱

水下维护机器人

养殖维护作业

海上漂浮工厂

海上生活社区

现代化交通

以上彩插由他者纪录（北京）文化传播有限公司设计制作